AF302826

Die Wiederentdeckung eines 6000 Jahre alten Prähistorischen Navigationssystems

Rediscovering a 6000 year old Prehistoric Navigation System

nhaltsverzeichnis

Forschungsbericht Radiästhetische Segelreise 2006 entlang
der Navigationsadernlinien von Griechenland bis Frankreich

Dieses Buch handelt von der Wiederentdeckung eines sehr alten Navigationssystems, welches von einer, uns bisher unbekannten Kultur angelegt wurde, um in schwierigen und unwegsamen Zeiten nicht nur sicher am Lande, sondern auch zur See von A nach B zu finden. Dieses phantastisch einfache und immer noch funktionierende Navigationssystem, welches durch Zufall im Jahre 2002 von einem interessierten Privatforscher in Vorarlberg entdeckt wurde, beruht auf der Kenntnis von besonderen Strahlungseigenschaften von speziellen in der Natur vorkommenden Steinen, welche ihre einmaligen Fähigkeiten aber erst nach besonderer Anordnung und Verlegungstechniken entfalten.

Lassen Sie sich kurz in die Welt einer spannenden privaten Forschungsarbeit entführen, mit der Bitte sich so wie wir es auch mussten, neuen Erkenntnissen zu öffnen, ohne sich dabei allzu sehr von dem Zeitgeist der uns anerzogenen kritischen, technogläubigen Art beeinflussen zu lassen.

Ich möchte ausdrücklich darauf hinweisen, dass diese private Forschungsarbeit keineswegs den Eindruck erwecken möchte als „wissenschaftliche Arbeit" gesehen zu werden. Deshalb wurde auch auf die Fußnoten und laufenden Quellverweise verzichtet, um das Buch lesbar zu machen. Die angeführten Auszüge aus Fremdtexten und Informationen sind im Quellenverzeichnis angeführt.

Die Leerseiten sind drucktechnisch bedingt und können für persönliche Notizen verwendet werden.

This book deals with the rediscovery of an ancient navigation system. It was put in place by a hitherto unknown culture in order to travel safely from A to B in difficult times of uncharted terrain, not only on land but also by sea. This marvellously simple and still functional navigation system was discovered accidentally by an inquisitive independent explorer in Vorarlberg, Austria's westernmost province, in 2002. It is based on findings of particular characteristics of radiation in special stones found in nature that display their unique faculties only when arranged in a particular order, following specific positioning techniques.

Let yourself be carried away briefly to a world of exciting independent discoveries! We would like to ask you to open your mind to new findings, just as we had to, without letting yourself be influenced all too strongly by the current critical Zeitgeist, which is instilled in us and gives so much credence to technology. Suspend disbelief!

I would like to emphasize that with our independent research results, we do not want to give the impression of being a scientific paper. This is also why we have done without footnotes and ongoing references which should help make this book a readable one. Excerpts cited from other texts and sources are to be found in the bibliography.

Die Forschungsarbeit und Entdeckung von Gerhard Pirchl

Als Information für den Leser dieser Seiten möchte ich die Forschungsarbeit von Herrn Gerhard Pirchl wie folgt darstellen:

Gerhard Pirchl, Maschinenbauer und Fabrikant aus Liechtenstein, mit ehemals über 450 Mitarbeitern, und Hobby Rutengeher & Pendler, hat auf der Alpe Tschengla am Bürserberg/Vorarlberg im Jahre 2002 einen nur mehr in Teilen erhaltenen und verwachsenen prähistorischen Steinkreis entdeckt.
Gerhard Pirchl, zu dieser Zeit gesundheitlich schwer angeschlagen, musste sich einer Herztransplantation unterziehen und sich durch diese schwere Krankheit auch von seiner Firma trennen, widmete sich wieder seiner alten, vom Vater gelernten Fähigkeit des Wünschelrutengehens und Pendelns. Bei seinen Wanderungen am Bürserberg bei Bludenz stellte er bald fest, dass von jedem Menhir oder Zeigerstein nur mehr in Teilen erhaltenen und verwachsenen Steinkreises aus eine Strahlenbahn in die Landschaft hinausführt. Nach kurzer Grabungsarbeit kamen unter der Humusschicht in einer Tiefe von ca. 40 cm von Menschen verlegte kleine gelbliche Steine zum Vorschein. Dass dies keine zufällige Ansammlung dieser gelblichen Steine sein konnte, war auch klar ersichtlich. (Abb. 5/7/8)

Gerhard Pirchl research and discoveries

In this chapter I would like to introduce Mr. Gerhard Pirchl's research to the reader as follows.

Gerhard Pirchl, a mechanical engineer and industrialist from Liechtenstein, formerly with more than 450 employees, was also a hobby dowser searching for underground water sources and minerals with a dowsing (also divining) rod or with a pendulum. In 2002, he discovered a prehistoric circle of collapsed stones on the alpine pasture Alpe Tschengla near Bürserberg, a community in Vorarlberg, Austria's westernmost province.
At this time, Pirchl was suffering very poor health and had to submit to heart transplantation. This serious illness forced him to give up his company and he returned to his longstanding hobby, learned from his father: the ability to be a dowser.
During his outings on the Bürser mountain, near Bludenz in Vorarlberg, he soon noticed that each toppled menhir or overgrown megalith was emitting rays into the landscape. Some brief digging revealed small yellowish stones which appeared beneath a layer of approximately 40 centimetres of topsoil. They must have been placed there by humans as it was quite apparent that this could not be a random collection of yellowish stones.

2002 entdeckte G.-Pirchl Steine mit Kraftfeld aus denen durch polarisiertes hintereinander legen, Adern hergestellt wurden. Er nannte diese Steine "Raetiasteine", weil er richtigerweise vermutete, daß diese Steine von den Raetern verwendet wurden.

Diese Raetiasteine haben lange Kraftfelder. Direkt aneinander gereit, kann man z.B. 50 km lange Richt-strahlen erstellen. Diese dienten zur Orientierung.

Das einzelne Kraftfeld besteht aus Feldlinien. Diese bilden ein korbartiges Netz um den Stein herum, die alle aus der Mittelachse kaskadenförmig austreten und hinter dem Stein sich in der selben Art in der Mittelachse wieder sammeln und zurück zum Stein fließen. Diese Feldlinien werden zum Rande des Feldes hin stärker. Das Feld endet cm-genau.

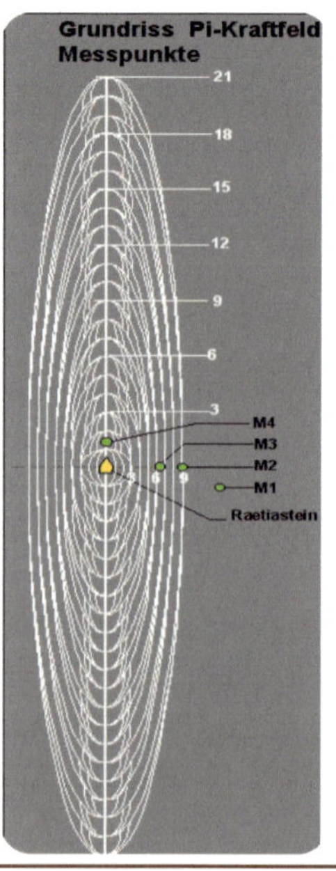

Abb. 2

Der Grundriss des Kraftfeldes eines Raetiasteines hat die Form eines Paddelbootes. Der Querschnitt hingegen hat die Form einer Kerzenflamme.

The outline of the three-dimensional energy field of a Raetia stone has the shape of a canoe whereas the cross-secton is shaped like a candle flame.

Die Raetia Steine

Die in diesem Bericht genannten „Raetia Steine" sind immer oxidierte Steine, aus der Zeit der Auffaltung der Erdoberfläche, welche die natürliche Fähigkeit haben eine bisher noch unbekannte Art von Strahlung in ca. 16 – 18 m Länge und bis zu 2 m Breite und 3 – 4 m Höhe auszusenden (abhängig der Größe der Raetiasteine).

Die Raetiasteine (Abb. 1) findet man speziell in Urgesteinsformationen in den jedem Wanderer und Bergsteiger bekannten, meist quer durchs Gelände laufenden aufgebrochenen Spalten und Verwerfungen tektonischer Scherzonen, gefüllt mit meist gelblich oxidierten, pfeilspitzenartigen Bruchmaterialien, welche scheinbar die ihnen innewohnenden Kräfte, durch die hohen Drücke und Scherkräfte, welchen sie ausgesetzt waren, erhalten haben. (Abb. 6) Durch diese enormen Kräfte wurde das kristalline Gitternetz umgeformt. Es wurde eindeutig festgestellt, dass die noch unbekannte Strahlung aus der Oxidations bzw. "Verwitterungsschicht" kommt. Sägt man Raetiasteine in der Mitte auseinander, strahlen sie nur mehr in eine Richtung. Frequenz und Art der Strahlung sind noch unbekannt, und wir hoffen sehr auf weitere Forschung der Physiker. Legt man die Steine hintereinander, verstärkt sich die Strahlungslänge und -kraft. Irgendwann einmal, vor langer Zeit, wusste man von den Eigenschaften um diese Steine und begann diese gezielt zu verlegen. (Abb. 2) Diese von Gerhard Pirchl auf den Namen „Raetiasteine" getauften Steine strahlen je nach Größe und Art, ca. 16 – 20 m weit in einer ca. 0,5 bis 2 m breiten Bahn

Raetia Stones

The so-called "Raetia stones" mentioned in this report are always oxidised stones, dating from the age of the upward buckling of the earth's surface. They naturally emit a hitherto unknown kind of radiation - 16 to 18 metres long, up to 2 metres wide as well as 3 to 4 metres high - depending on the size of the stone.

Raetia stones can be found mostly in primitive rock formations, where they appear in open cracks as well as in faults from tectonic shear zones, cutting right across the countryside, familiar to hikers and mountain climbers alike. These faults are filled with mostly yellowish, oxidised, arrowhead-shaped, rough stones that apparently gained their inherent powers through the high pressures and shear forces to which they were exposed.

Through these enormous forces, the crystalline structure of these stones, which contain mostly pyrite, has been altered. The type and frequency of radiation are as yet unknown and we very much hope for further research on the part of physicists. The ray's length and power are potentiated when these stones are placed beside one another. At some point, a very long time ago, people were aware of these stones' properties and began to arrange them deliberately.

These stones, named Raetia stones by Gerhard Pirchl, radiate approximately 16 to 20 metres within a channel 0.5 to 2 metres wide and up to 4 metres high, according to size and

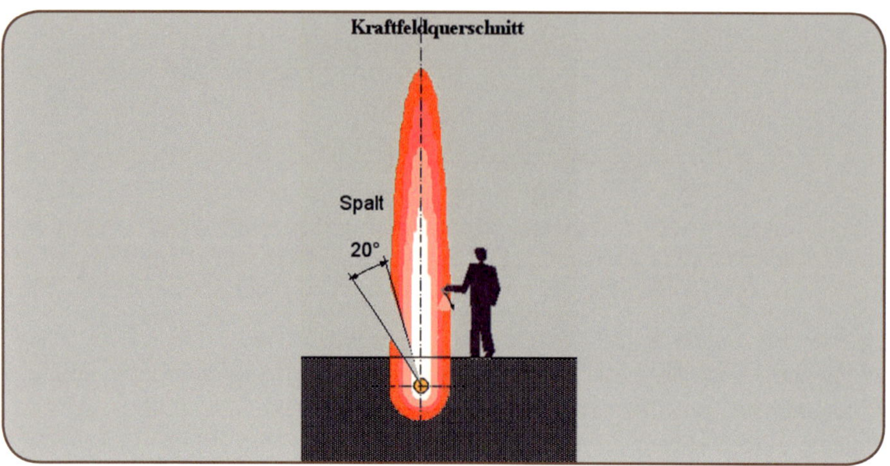

Abb. 3

Das Kraftfeld einer Ader wirkt in eine bestimmte Richtung. Wenn in dem Kraftfeld Menschen stehen, tritt es in den Körper ein und teilt sich in Nord-Süd und vertikal gegen den Himmel.

The power field of each beam radiates in a certain direction. If you stand within this power field, it enters the body and then splits in north, south and up vertically towards the sky.

Abb. 4

Gitterabdeckung der Raetiasteine Bürserberg gegen Diebstahl

Fencing of the Raetiastones Bürserberg against thiefs

Abb. 5

Raetiasteine Fundort Lanser Kopf/Tirol

Raetia stones discovered at Lanser Kopf in Tirol, Austria

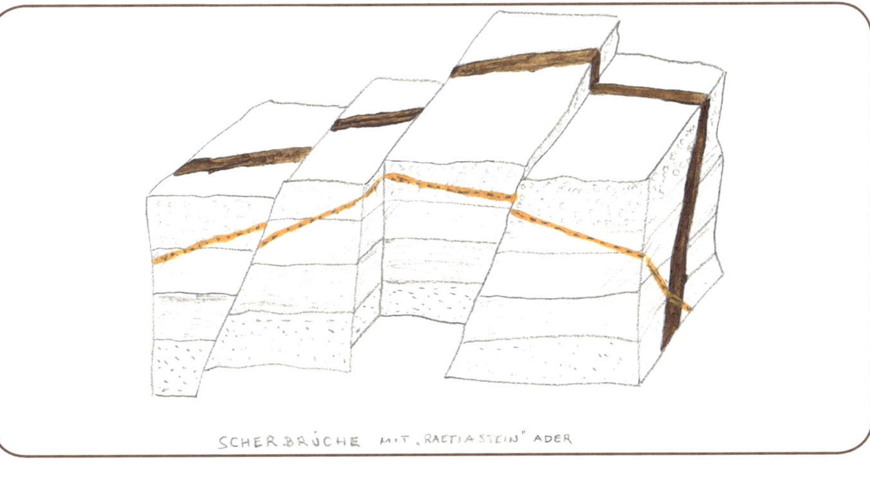

Abb. 6

Scherbruch

Tectonic shear zones

Abb. 7

Steinkreis Tschengla-Bürserberg-Bludenz-Vorarlberg

Stone circle at Tschengla, Bürserberg, near Bludenz, Vorarlberg, Austria

Abb. 8

Raetischer Steinkreise Tschengla am Bürserberg/ Bludenz/Vorarlberg/ Österreich gefunden von Gerhard Pirchl und von der Gemeinde Bürs mit Hilfe eines EU-Förderprogrammes renoviert

Raetic stone circles at Tschengla, Bürserberg, near Bludenz, Vorarlberg, Austria Discovered by Gerhard Pirchl and restored by the municipality of Bürs with the support of an EU programVorarlberg, Austria

Abb.9

System eines Raetiastein-Transmitters

How a Raetia stone
transmitter works

Abb. 10

*Luftbild vom Steinkreis
Tschengla/Bürserberg*

Airphoto Stonering
Tschengla/Bürserberg
G.P

Abb. 11

*Unterirdischer Aufbau eines
Adernsternes*

Subterranean arrangement
of radiating veins
converging to a vein star
formation

und bis zu 4 m Höhe, je nach Größe und Kraft der Steine. Sind zwei Steine hintereinander gereiht, verstärkt sich dieser Strahlungsbereich schon auf das Doppelte usw. Die Verlegung und Anordnung der Steine wurde inzwischen von Archäologen ergraben und bestätigt. (Abb. 3/4/5/9/10/11)

Nach weiteren Forschungen im Alpenraum, nach Vermessen vieler Kirchen und Kultplätze, sowie Besuch der großen Menhiranlagen von Stonehenge und Carnac kam Pirchl zum Schluss, dass diese immer noch aktiven Adernsterne hauptsächlich errichtet wurden um den Ausgangspunkt der vergrabenen aktiven Raetiasteine zu kennzeichnen und Mensch und Tier dadurch vor Strahlungskonzentration am Schnittpunkt zu schützen.

Auch konnte das Navigationssystem der Adernsterne weitgehend geklärt werden, ebenso noch andere zahlreiche Geheimnisse der gelblichen Raetiasteine, wie zum Beispiel die Kraft, Wasser rechtsdrehend umzupolen, eine innere Atomuhr von 60 sec. mit einem Pausenfenster von 15 – 20 sec. zu besitzen und die Kraft zu besitzen, andere Strahlungen, wie aus Wasseradern oder Verwerfungen, abzulenken.

Die Auffindung von bisher unbekannten Blumenbildern und raetischer Schriften

Später fand Pirchl wunderbare Blumengemälde und raetische Schriftzeichen in Vorarlberg und Liechtenstein in Hektargröße in die Landschaft gelegt, sodass auch das teilweise noch unbekannte Raetische Alphabet komplettiert werden konnte. (Abb. 12 - 15)

up to 4 metres high, according to size and strength of the individual stone. When two stones are placed one beside the other in a row, this power field is potentiated, increasing twofold, threefold etc. In the meantime both arrangement and positioning of the stones have been excavated and confirmed by archaeologists. After further research in the Alps and after surveying many churches and cult places, as well as visiting the great menhir sites of Stonehenge and Carnac, Pirchl reached the conclusion that these still-active crossings of radiating beams or veins, which we will call "vein star formations", were mainly assembled to mark the starting point of the buried, active Raetia stones, in order to protect man and animals from the concentration of rays at the central crossing.

The terrestrial navigation system could also largely be elucidated. Explanations have been found for several other secrets surrounding the yellowish Raetia stones: e.g. their power to change the polarization of right-turning water, their inner atomic clock of 60 second intervals with a pause interval of 15-20 seconds as well as their inherent power of diverting other rays, such as those emitted by water veins or other faults.

Discovering hitherto unknown floral images and raetic inscriptions

Pirchl later found wonderful floral pictures and Raetic characters in Vorarlberg and Liechtenstein. These had been laid onto the landscape in gigantic proportions, over acres, enabling the completion of the hitherto partly known Raetic alphabet.

Abb. 12

*Weißdornbaum, Zeichnung
mit Raetiasteinen verlegt*

*Depiction of hawthorn laid
out with Raetia stones*

Abb. 13

*Blumenbilder im
Winter 2006 von G.
Pirchl ausgependelt
und mit Markierfarbe
gekennzeichnet*

*Floral images located with
a pendulum by G. Pirchl
during winter 2006 and
traced with colour*

Adernstilllegung durch die Kraft der Raetiasteine

So bekam Gerhard Pirchl von der Österr. Straßenverwaltungs AG ASFINAG den Auftrag, eine besonders unfallträchtige Autobahnstelle bei Bludenz mittels der Raetiasteine zu entschärfen. Pirchl konnte an der Stelle mitten in der Autobahn eine Kreuzung mehrerer Adern feststellen, sodass es bei besonders empfindlichen Autofahrern zu einem plötzlichen Blutdruckabfall und Blackout kam. Bisher waren an dieser Stelle über 100 Unfälle, teils mit tödlichem Ausgang.

Mittels der Raetiasteine konnten die schädlichen Adern stillgelegt werden.

Wie die ASFINAG gegenüber Herrn Pirchl bestätigt hat, war seitdem auf diesem Abschnitt der S 16 kein tödlicher Unfall mehr (Stand 03/07). Auch die Gemeinde Vorderstoder/O.Ö., welche mit mehr als 2700 Adern total verstrahlt war, bat Herrn Pirchl den Ort von den schädlichen Strahlen (Krebshäufigkeit) zu befreien. Dies geschah dann im Mai 2006. (Abb.17-18) Es wurden vorher Untersuchungen an einem Teil der Bevölkerung durchgeführt, und auf die Messergebnisse nach der Adern-Stilllegung darf man jetzt schon gespannt sein (Stand Juli 2006). Die Messungen wurden mit der GDV- Methode (Gas-Discharge Visualisation) an den Bewohnern der Gemeinde Vorderstoder durchgeführt und aufgezeichnet.

Dies nur als kurze Vorabinformation, um die nächsten Zeilen besser zu verstehen, was aber das Studium des Buches von Gerhard Pirchl nicht ersetzen kann, um gewisse Zusammenhänge zu verstehen.

Neutralsing power fieldsthrough the power of the raetia stones

Gerhard Pirchl was then commissioned by ASFINAG, the company responsible for building and administrating the Austrian network of motorways and high speed roads, to defuse a particularly dangerous stretch of motorway near Bludenz using Raetia stones. Pirchl was able to locate a junction of radiation lines right in the middle of the motorway. Particularly sensitive drivers could be affected by a sudden drop in blood pressure and subsequently weaken or pass out, causing accidents. Until then more than 100 accidents had occurred on this particular stretch, some fatal. These damaging radiation veins were neutralised with the use of Raetia stones.

As the CEO of ASFINAG confirmed to Mister Pirchl, there hasn't been a single fatal accident since then on this part of the S 16. (03/07) The municipality of Vorderstoder in Styria, Austria, which was completely contaminated with more than 2,700 radiation lines, also asked Mr. Pirchl to rid the place of damaging radiation which had actually led to a high frequency of cancer. Some of the population were tested beforehand. Neutralisation of the damaging rays was achieved in May 2006. We now look forward to post-neutralising test results. (July 2007, see part II for results) Testing the inhabitants of Vorderstoder was carried out and recorded using the GDV (Gas Discharge Visualisation) method - this method is described in part II of the book. I am supplying these details briefly now so that the following section may be better understood. This is no sub-

Abb.14

*Das Kraftfeld einer Ader
Mit Raetiasteinen verlegter
Raetischer Buchstabe KH
in 30 cm Tiefe.
Siehe die kleinen
Raetiasteine – große sind
normale Feldsteine*

*The Raetic letter KH which
was laid out with Raetia
stones in 30 centimetre
depth.
Notice the small Raetia
stones, the large ones are
normal field stones*

Abb. 15

*Raetische Schriftzeichen,
Fürbitten und Lieder
übersetzt von Prof.
Schlapf/Zürich*

*Raetic characters: religious
intercessions and songs,
translated by Prof. Schlapf
of Zurich*

Lautwert	(Ost-)Griechisch →	Westgriechisch (= altetruskisch) → ←	(älteres) Latein →	Etruskisch ←	Venetisch ←	Rätisch (Bozen, Magrè) ←	Lepontisch ←
a	A	A	A	◁ (mirrored)	△	⋀ △	⋀
b	B	B ꓭ	B	–	–	–	–
g (zT. k)	Γ	< >	C (= k)	> Ɔ (= k)	–	–	–
d	Δ	▷ ◁	D	–	–	–	–
e	E	Ɛ ⱻ	E	Ǝ	Ǝ	Ǝ	Ǝ
v	(F)	F Ⅎ	–	Ⅎ	Ⅎ	Ⅎ	(Ⅎ)
z (stimmhaft)	Z	I	–	≠	⋆ (= d)	(≠)	(≠)
h (zT. ē)	H (= ē)	⊟	H	⊟	ⵊⵊⵊ	目	–
th	Θ	⊕	–	⊗ ⊙	⊙	–	(⊙)
i	I	I	I	i	I	I	I
k	K	K ⋊	(K)	(⋊)	⋊	⋊	⋊
l	Λ	ᒐ ᒷ ᒐ	L	⅃	⅃	⅃ ⅃	⅃
m	M	ᛗ ᛖ	ᛖ M	ᛖ	ᛖ	Ϻ	ᛖ
n	N	ᛁᚾ ᛁᚾ	N	ᛁᚾ	ᛁᚾ	ᛁᚾ	ᛁᚾ
o	O	O	O	–	◇	–	O ◇
p	Π	Γ Π Π	P	ᒋ	ꟼ	ꟼ ꟼ	ꟼ
š	–	Ϻ	–	M ⋈	Ϻ	Ϻ ⋈	⋈
q	–	⟱	Q	⟱	–	–	–
r	P	R Я	R	Ⴓ	Ⴓ	Ⴓ (auch ꟼ?)	Ⴓ
s	Σ	⟨ ⟩	S	⟨	⟨	⟨ Ϟ	⟨
t	T	T	T	+	X	X +	X +
u	Y (= ü)	⋎ V	V (u, v)	Y V	⋀	V ⋀	V Ⴂ
ph	Φ	Φ	–	Φ	Φ (= b)	Φ	(Φ?)
kh	X	Ψ	–	Ψ	Ψ (= g)	Ψ	(Ψ)
ks	Ⱦ	X	X	–	–	–	–
ps	Ψ	–	–	–	–	–	–
f	–	–	F (alt FⒽ)	8 (alt ⊟Ⅎ)	ⵊⅎ	–	–
sonst	Ω (= ō)	–	–	–	–	t-artige Laute 8, ↑ (?)	–

Alphabettabelle E. Risch *Abb. 16*

Übersicht über die verschiedenen Alphabete

Bei manchen Alphabeten ist die Schriftrichtung teils rechtsläufig (———→), teils linksläufig (←———), wobei die einzelnen Buchstaben dann meist in spiegelbildlicher Form erscheinen. – Nur selten verwendete Buchstaben sind eingeklammert.

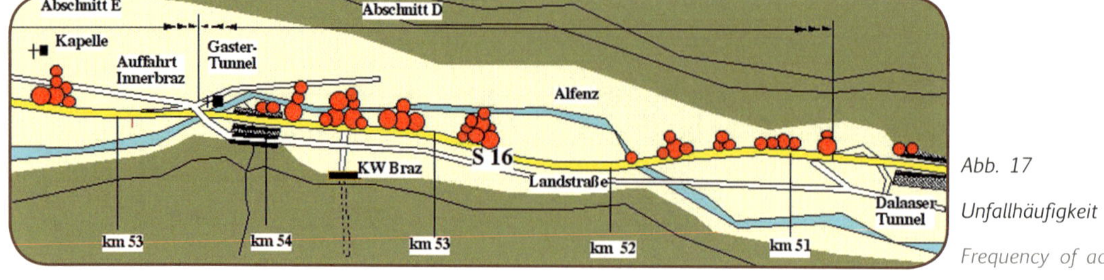

Abb. 17

Unfallhäufigkeit

Frequency of accidents

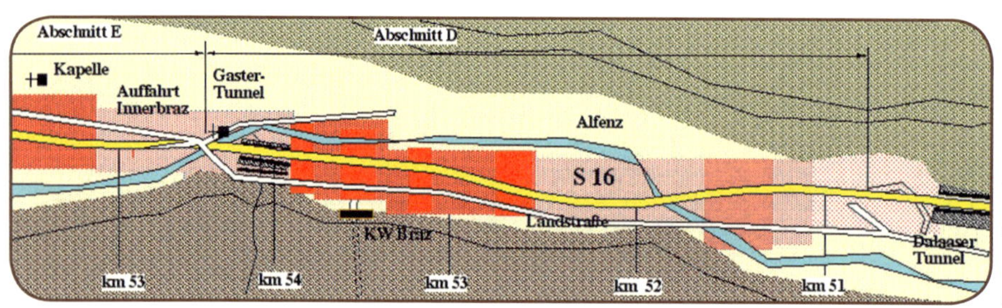

Abb. 18

Aderndichte

*Concentration of
radiation lines*

Abb. 19

G. Pirchl vor Carnac

G. Pirchl / Carnac

Als ich Gerhard Pirchls Buch im Herbst 2005 in die Hand bekam, wurde mir, als erfahrenen Seemann, beim Lesen seines Artikels über die Navigationslinien bei Carnac/Bretagne sofort klar, dass ich diese Adernlinien schon öfters unbewusst auf meinen Seereisen übersegelt und gespürt hatte.

Die Adernstraßen von Carnac/Bretagne

„Bis heute gibt es keine plausible Erklärung für den Knick in den fast 4,5 km langen Menhir-Reihen. Bei der Fahrt im Boot vor der Küste von Carnac hatte ich ein Aha-Erlebnis: der Knick am Land bewirkt zwei v-förmig zulaufende „Richtstrahl-Pakete" im Wasser. Die Distanz zur Küste lässt sich aus der Enge bzw. Weite der Richtstrahlen ableiten. (Abb. 19 - 20) Ohne den Knick in der Menhir-Reihe würde sich diese Messmöglichkeit nicht ergeben. Später im selben Jahr entdeckte ich auf der Fährenüberfahrt zwischen Malta und der Insel Gozo ebenso eine solche Adernstraße mit jeweils 10 parallel geführten Adern. Auch an anderen Stellen auf der Insel Malta konnte ich diese 10 Adernrichtstrahlen feststellen.

„Messgerät" Mensch

Wir Menschen aber besitzen eben diese Fähigkeit, im Netzwerkverbund mit der Natur, diese Strahlungen zu spüren. Bei Menschen welche offen und in Ruhe an diese Sache herangehen, die sich Zeit lassen und in die Natur „hineinhorchen", werden diese Sinne rasch wieder aktiviert. Wir fühlen uns an positiven Orten mit einer hohen Ionisierung am wohlsten und

stitute, however, for reading G. Pirchl's book in order to understand certain interrelations. When I happened upon Pirchl's book in the fall of 2005 and was reading his article on navigation routes along radiation veins off Carnac in Bretagne, France, it became immediately clear to me, an experienced sailor, that I had already unknowingly sailed over these veins and felt the power fields several times during my sea voyages.

The radiation straits off Carnac in Bretagne, France

To date there is no plausible explanation for the bend in the nearly 4.5 kilometre long rows of menhirs at Carnac. When sailing off the coast of Carnac, suddenly it struck me like a flash! The bend on land leads to two radiation lines that converge to form a V-shape in the water. The width or distance between these radiated beams can be used to extrapolate the distance to the coastline. The possibility to measure distance would not exist without the bend in the rows of menhirs. Later that same year, I discovered just such a radiation strait - with ten parallel radiation veins - while on a ferry boat from Malta to the island of Gozo. At other sites on the island of Malta I could also locate these ten radiation beams.

Humans as Instruments of measurement

In union with nature, we humans possess this very ability: the ability to feel these rays. People who approach the matter openly and calmly,

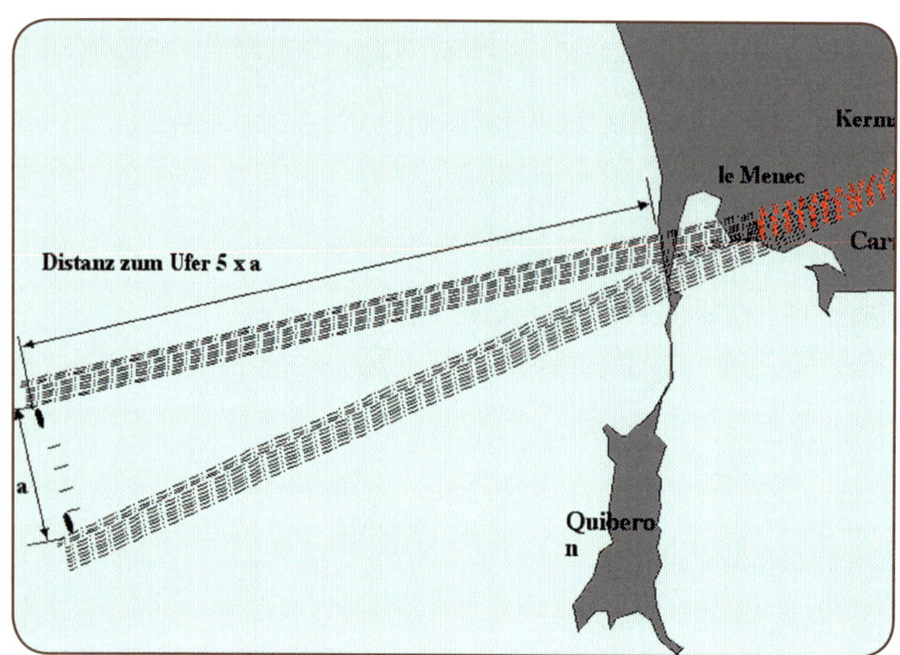

Abb. 20
Adernstraße von Carnac
Powerveins of Carnac

Abb. 21
Menhire von Carnac
Menhirs of Carnac

werden von diesen Orten direkt angezogen. Jedem, der an einem stillen Ort, wie an einem Wasserfall, gestanden hat, wird dies schon widerfahren sein. Ebenso gibt es eben sehr stark positiv strahlende Plätze wie Kraft-Orte, an denen meistens eben auch Kultplätze und später darauf Kirchen errichtet worden sind. Gerade an solchen Orten durchfließt uns eine innere Ruhe.

Es ist ebenso nicht zufällig, dass seit der Einführung der Quantenphysik die Vorstellung von kraftvollen Orten mehr ins Bewusstsein der Menschen zurückgekehrt ist.

Mit „Esoterik" hat diese Sache absolut nichts zu tun, und wir möchten uns im Vorhinein davon distanzieren und versuchen, diese ungemein wichtige Wiederentdeckung so real wie möglich wiederzugeben.

Messmethode der beschriebenen „Raetia-Adernstrahlen"

Durch verschiedene Versuche wurde festgestellt, dass sich zum Orten dieser Strahlen das Standardpendel mit 10 cm Länge am besten eignet. Es kann damit einfach und schnell die Richtung der Strahlung festgestellt werden (Längspendel-Ausschlag) sowie die Flussrichtung durch links- oder rechtsdrehendes Pendel, je nachdem ob der Strahl von einem weggeht oder auf einem zukommt. (Abb. 10/22/23)

Das längs polarisierte Kraftfeld

Das längs lineare Kraftfeld wirkt in eine Richtung und weist spezielle Eigenschaften auf. Das Kraftfeld ist nicht nur abhängig von der Größe

who take their time and "listen" to nature will find their senses reawakened quite rapidly.

We feel most comfortable when visiting positive places with a high level of ionisation and actually feel attracted to these places. Anyone who has stood at a peaceful place, such as a waterfall, will have experienced this attraction. Equally, there are also places which radiate very strong positive energy, powerful places such as those of most cult sites, on many of which churches have later been erected. We find inner peace flowing through us precisely at these places. Likewise, it is no coincidence that the recognition of powerful places has re-entered people's awareness since the advent of quantum physics. This has nothing whatsoever to do with esotericism and we would like to distance ourselves from 'new age' thinking right from the start to try to transmit this ever-so-very important re-discovery as being as authentic and as real as possible.

Method for measuring raetia "radiation veins"

Various experiments have led to the discovery that a standard pendulum, ten centimetres long, is best suited to locate these rays. The direction of the rays can be determined simply and quickly – by longitudinal deflection of the pendulum - as well as the specific direction the ray is beaming, towards or away from you – by clockwise or counter clockwise rotation of the pendulum.

The longitudinally polarised power field

The longitudinal power field works in one direc-

Abb. 22

Adern in der Natur

Radiation veins occurring in nature

Abb. 23

Adern auf Wegen

Veins on pathes

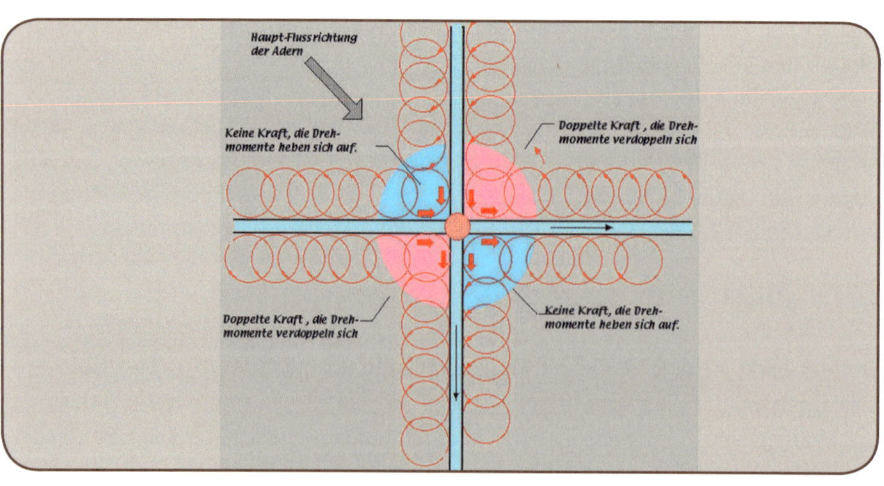

Abb. 24

3D-Simulation obiger Kraftfeldzeichnung mit zentralem senkrechtem Kraftfeld

Three-dimensional simulation of the power field depiction (above) with central, vertical power field der Raetiasteine, sondern auch von deren Art sowie Durchdringung des Oxidationszustandes. Das Entscheidende aber ist die Richtung und Stärke des Richtstrahles, wie er auf den Menschen einwirkt. Es gibt aber auch Situationen, wo über einen gewissen begrenzten Zeitraum und für den Körper richtigen Richtung genossen, dieses hervorragend auf die Gesundheit einwirkt. Gemäß dem Spruch des Gründers der modernen Heilkunde Paracelsus

„Alles kann Gift oder Medizin sein, es kommt nur auf die Menge und Anwendung an."
(Abb. 24 - 26)
Wenn der Mensch schläft, trifft es ihn ebenso, weil die Kraftfelder kreuz und quer durch die Häuser und damit auch quer durch die Betten und Räume gehen. Wenn zwei Adern sich kreuzen, entstehen drei Punkte mit doppelter Kraft und zwei Punkte, in denen sich die Kräfte gegenseitig aufheben: Eine Adernkreuzung unter dem Bett ist deshalb besonders schlecht, weil sich dann die drei Doppelkraftpunkte treffen.
Abgesehen davon, könnten sich ja auch noch eine der Gitterfelder bzw. Wasseradern oder Verwerfungen unter dem Bett oder Arbeitsplatz kreuzen und somit die Wirkung potenzieren und zu sehr schlechten Auswirkungen führen.

Der weitaus größte Teil der vorhandenen Adern stammt aus prähistorischer Zeit und wurde als Wegweiser (zur Orientierung), aber auch für kultische Zwecke verwendet. Damals wussten die Menschen damit umzugehen, diese zu nutzen und in ihrem Alltag anzuwenden. Sie wussten natürlich auch, wie den schädlichen Einflüssen zu entgehen war.

tion and exhibits special characteristics. Not only does it depend on the size of the Raetia stone, but also on the degree to which the stone has been oxidised. The effect on humans depends on the direction and strength of the radiated beam. There are also situations where exposure to the rays, for a certain limited period of time and with the right direction for the body, can be perfectly beneficial to your health. This is very much in accordance with the saying by the founder of modern medicine, Paracelsus: "Everything can be poison or medicine; this depends only on the quantity and application".

When someone is asleep, he is equally affected since the energy fields radiate this way and that through houses and thus also pass right through beds and rooms. When two beams cross or meet, three points with twice the power are created as well as two places where the energy is mutually eliminated. This is why a junction of beams underneath a bed is particularly bad, as double the power hits the three points and so has an effect on the person.

Apart from this there could even be an additional grid energy field, subterranean water vein or geological fault under the bed or work place that could cross or merge with one another and thus potentiate the effects and lead to very negative ramifications.

By far the greatest number of existing radiation lines date from prehistoric times and were used as markers for orientation as well as for cult purposes. Humans knew how to deal with

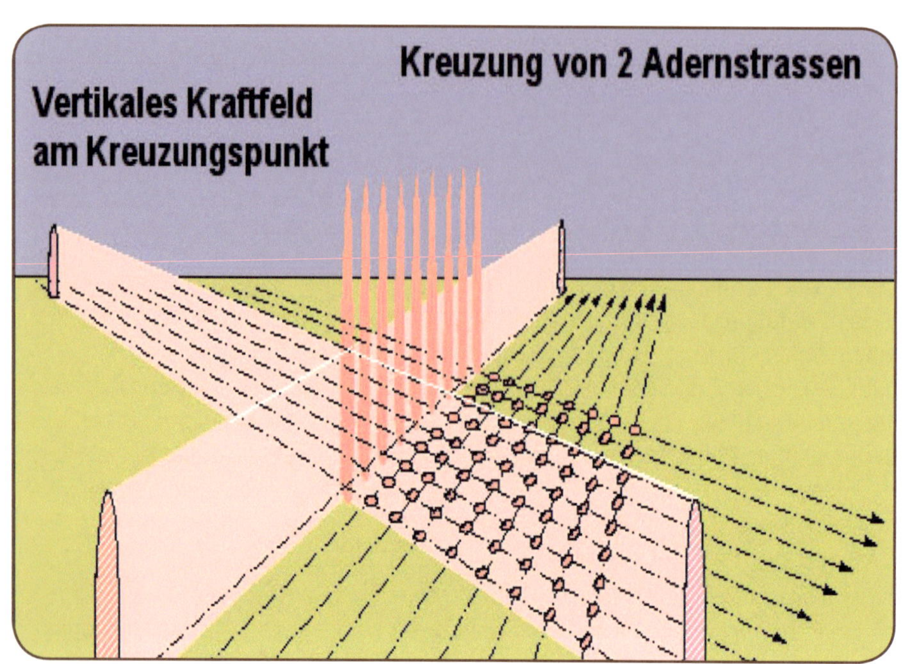

Abb. 25

Aufsicht auf zwei sich kreuzende Raetiastein-Kraftadern

Bird's eye view of two overlapping Raetia stone power lines

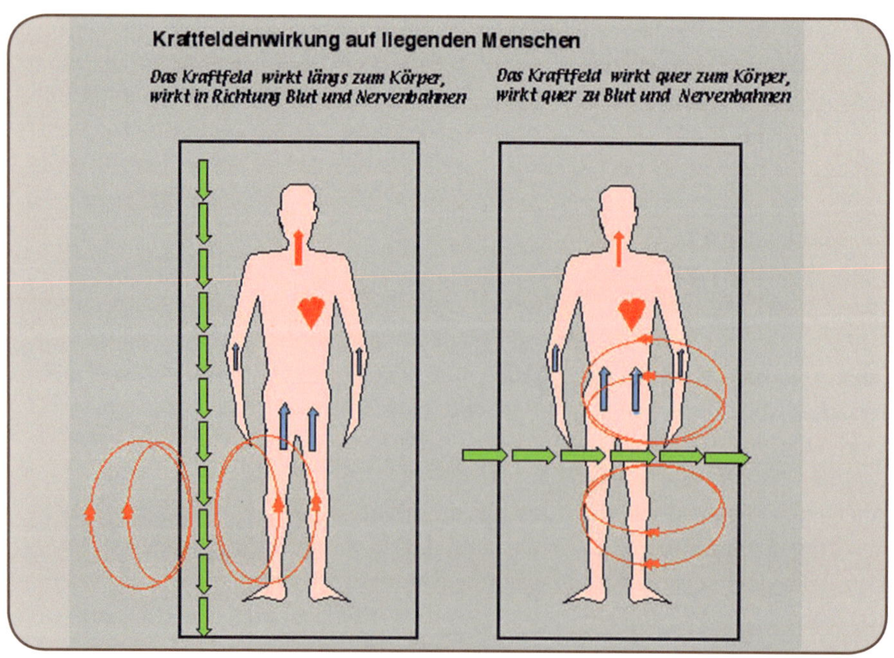

Abb. 26

Kraftfeldeinwirkung auf liegende Menschen

Forcefield agents on human bodys

Radiästhesie & Geomantie

Unter Radiästheten versteht man besonders „fühlige" Menschen, welche mit Hilfe von Anzeigegeräten wie Wünschelruten, Tensor-Antennen und Pendel die Kraftlinien, welche von Wasseradern, Erdstrahlen, globalen Gitternetzen, geologischen Verwerfungen generiert werden, fühlen und finden können, ebenso wie Schwingungen für Messungen im gesundheitlichen Bereich. Die Radiästhesie spielt sich im Bereich der natürlichen Mikrowellenstrahlung ab. Ein sehr gut trainierter Radiästhet stellt eine perfekt abgestimmte Empfangsanlage mit allen Empfindlichkeiten dar und kann bis heute durch kein Messgerät ersetzt werden.

Nach der Theorie „Alles ist Schwingung", das heißt jedes Ding in unserem Universum hat seine eigene Atomstruktur und dadurch auch seine eigene Frequenz, ist diese auch für unseren hochkomplizierten Organismus und unsere vielfältigen Sinne fühlbar. Da wir Menschen in einem Netzwerk von Strömungen und Strahlungen leben, fühlen wir diese feinstofflichen Schwingungen und merken sehr wohl, ob diese für uns negativ oder positiv sind.
Landläufig wird dies auch als der 6. Sinn bzw. 7. Sinn bezeichnet. Die als Geomantie bezeichnete erspürbare Strahlung soll, einer Hypothese nach, durch die Kristallisierung des Gesteins bei der Abkühlung des Erdmantels entstanden sein, von welchem aus die heute bekannten Erdstrahlen ausgehen, sowie von magnetischen Netzen und Strahlenbahnen als auch von Verwerfungen der Erdplatten und dadurch entstehende energetische Wellen und

them at the time, how to utilize them and apply them in their everyday lives. Of course they also knew how to avoid the noxious or damaging influences.

Definition and brief introduction to methods of measuring radiethesia

Radiesthesia & Geomomancy

A radiesthetic is a very "sensitive" person who, with the help of certain devices, has the ability to sense and locate power fields generated by underground water veins, by earth rays, global grids, or geological faults as well as to measure minute molecular particle vibrations or oscillations pertaining to the health sector. For these purposes devices like dowsing or divining rods, tensor antennae or pendulums are used. Radiesthesia deals with natural micro-wave radiation with wavelengths ranging from millimetres to decametres. A highly trained radiesthetic represents a sort of receiver system, perfectly tuned to all wavelengths, and cannot, to this day, be replaced by any measuring instrument.
According to the physical theory that "all matter vibrates or oscillates", everything in our universe has its own atomic structure and thus its own characteristic frequency. This frequency can be sensed by our highly complex organism and our manifold senses. As human beings living within a network of all this radiation and all these currents we can sense these minute material oscillations and most certainly notice whether they are negative or positive for us. This ability is also commonly referred

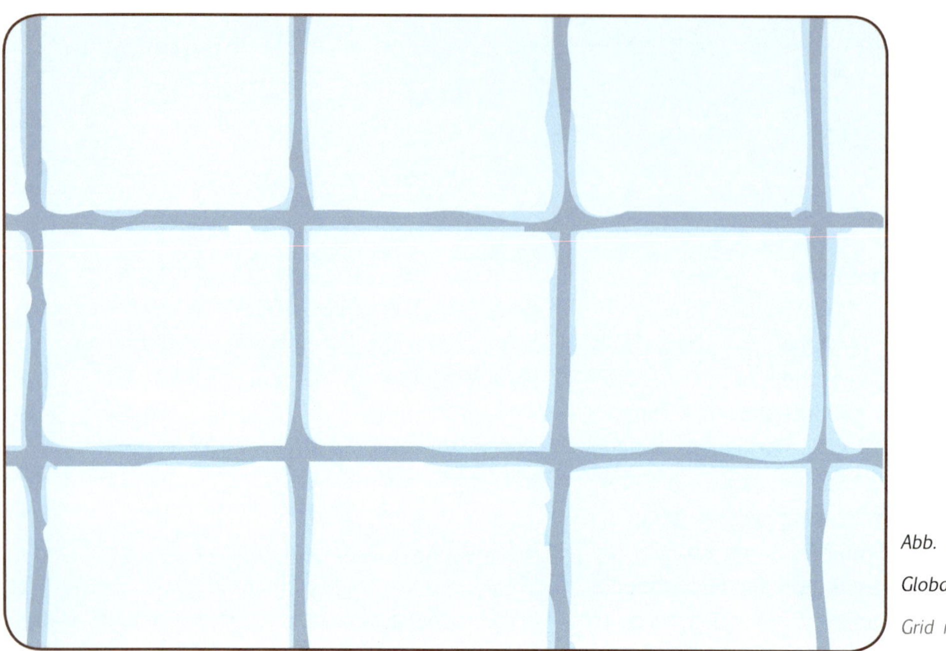

Abb. 27

Globalgitter

Grid nets

Strahlungsenergien.

Die moderne Geomantie oder auch Geobiologie weist zudem auf Einflüsse des Erdmagnetfeldes hin, der natürlichen Radioaktivität, der Strahlung durch Grundwasser und unterirdischer Wasserläufe, der Strahlung aus dem Weltraum sowie der Bodenelektrizität und der Strahlung der bekannten Erdgitternetze, wie des Benker'schen Kubensystems, des Curry-Netzes, des Global Gitternetzes, der Ley Lines und anderer Kraftlinien wie die australischen Songlines oder Blitznetze.

Gitternetze

Das Globalgitternetz

Das Globalgitternetz ist in Nord-Süd-Richtung erdmagnetisch orientiert und weist daher die jeweilige magnetische Missweisung zum magnetischen Nordpol, welcher ja dauernd wandert, auf. Teilweise gibt es Abweichungen in nord-südlicher Richtung von 10 – 15°, wie von verschiedensten Forschungsgruppen festgestellt worden ist. Am besten stellen Sie sich dieses Gitternetz in einem Nord-Süd Raster ausgerichtet in Nord-Süd 2 m Länge und nach Ost-West vertikal 2,5 m Breite und ca. 20 cm Breite vor. Je nach geographischer Breite variieren die Maße, nach Norden hin nehmen die Maße bis auf 1,60 m x 2,00 m und bis zum Pol auf Null ab, wie die genauen Messungen des deutschen Forschers Dr. Horst F. Preiß gezeigt haben. (Abb. 27)
Die Gitternetzstreifen sind genau genommen nichts anderes als unsichtbare Streifenfelder, welche ungefähr ca. 20 cm breit sind, wobei die Globalgitternetzlinien in der Regel senkrecht

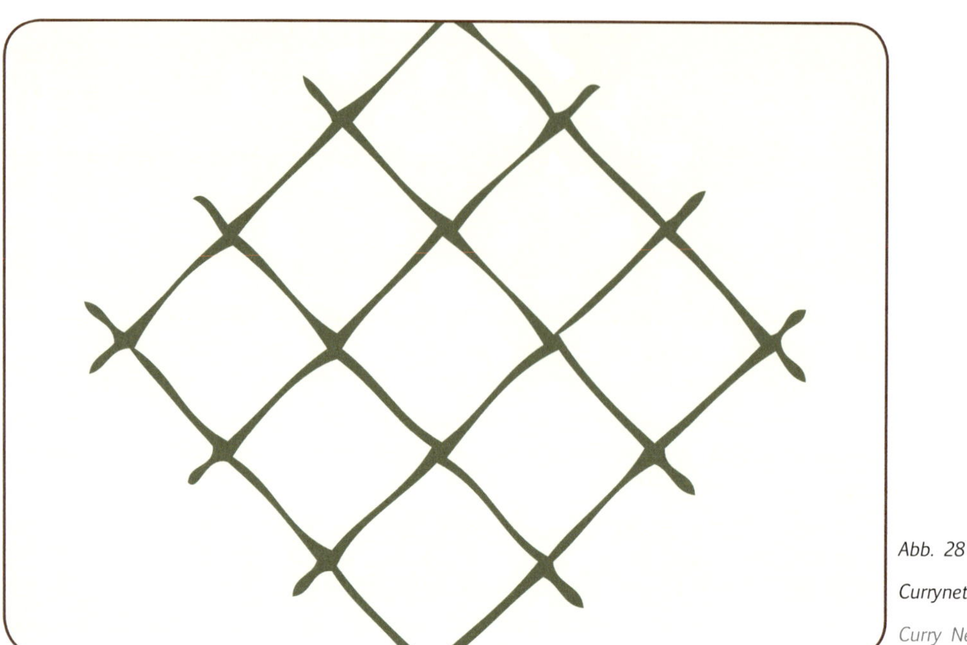

Abb. 28

Currynetz

Curry Net

aufeinanderstehen. Dieses Gitternetz ist bis in große Höhen aber auch unter Tag messbar. Da der magnetische Pol täglich in einen Oval von bis zu 22 km Länge und 14 km Breite wandert, wie schon Amundsen festgestellt hatte, pulst auch das globale Gitternetz.
In einem Maximum gegen 9 – 11Uhr morgens und 20 – 21 Uhr abends sowie einem Minimum zwischen 3 – 4 Uhr nachts und 15 – 16 Uhr nachmittags.

Das Currynetz

Dieses Gitternetz wurde erstmalig von Wittmann „wiederentdeckt", jedoch veröffentlicht hat es Dr. Manfred Curry, ein bayrischer Arzt und genialer Erfinder. Jeder Segler kennt beispielsweise die Curryklemme. Das Currygitter verläuft diagonal zum Globalgitternetz (Hartmanngitter). Der Abstand der Netzlinien hat etwa NW-SO 3,5 – NO-SW 4,5 m und hat eine Streifenbreite ca. von 75 cm, welche aber auch sehr stark, je nach Einflüssen, variieren können. Das Currygitter umfasst laut den letzten Forschungen nicht die gesamte Erde, es variiert je nach geografischer Breite sowie nach den geologischen Verhältnissen. Das Currynetz hat seinen Ursprung im Erdkern und ist deshalb auch sehr anfällig für Erbeben und alle Arten von Verwerfungen.
Auffallend beim Currynetz ist, dass bei Vollmond sich die Intensivität beinahe verdoppelt, sowie das Netz am Tag zwei Drittel schwächer ist als in der Nacht, es ist also tidenabhängig und auch wetterabhängig. (Abb. 28)

Weitere zwei Gitternetze, welche aber noch nicht sehr erforscht sind:

phic altitude as shown by the exact measurements of the German researcher Dr. Horst F. Preiß. He demonstrated that they are reduced to 1.6 m by 2 m towards the north.
Strictly speaking, these grid lines are nothing but invisible striped fields, approximately 20 cm wide, with the global grid net lines normally perpendicular towards each other. This grid can be measured up to very great heights as well as underground. Since the magnetic pole travels in an oval-shaped motion of up to 22 kilometres in length and 14 kilometres in width every day, as Amundsen rightly noted, the global grid pulsates from a maximum at around 9 - 11 am to another maximum at 8 - 9 pm as well as from a minimum at 3 - 4 am to another at 3 - 4 pm.

The Curry Net

This grid net was first "re-discovered" by Mr. Wittmann, however it was Dr. Manfred Curry, a Bavarian doctor and brilliant inventor, who published on the subject. Dr. Curry is known to all sailors for the Curry clamp. The Curry grid runs diagonally to the global grid net (Hartmann grid). The grid lines run approximately 3.5 metres apart north-west to south-east and 4.5 metres apart north-east to south-west with the lines exhibiting a width of approximately 75 centimetres, which can also vary considerably depending on various influences. According to the latest research the curry grid does not cover the entire planet, and varies according to geographical width as well as geological conditions. It originates at the earth's core, which is why it is very sensitive to earthquakes and all types of geological shifts. One of the

Abb. 29

Benkergitter - Benker
Kubensystem

*The benker grid or
benker's cubic system*

Benkergitter oder
das Benker'sche Kubensystem

Das Benker-Kubensystem kann man sich als Quader mit einer Seitenlänge von 10 x 10 x 10 m vorstellen. Benker, (geb. 1895 in Landshut), entdeckte, dass an der Erdoberfläche würfelförmige Strahlenfelder in 10-m-Abständen messbar sind. Die Würfel sind abwechselnd plus und minus geladen. (Abb. 29)

Leylines

Am 21. 6. 1925 hat ein Engländer namens Alfred Watkins, geb. 1855, die „Leylinie" entdeckt. Watkins beschreibt seine Entdeckung als alte geradlinige Adern, welche prähistorische Wege begleitet haben. Später erforschte Watkins die von ihm genannten Leylines auch als pulsierende Adern, welche meist alte Kultplätze miteinander verbinden. Die bekanntesten Leylines sind wohl die St. Michaels und St. Marys Lines in Avenburry. Die Leylines sind nicht vergleichbar mit den Songlines der austral. Aborigines.

Wasseradern

Die ältesten Aufzeichnungen über die Wassersuche mit Wünschelruten stammt wohl aus dem Alten Testament, Buch Moses Kap. 20,11. *... seine Hand erhoben, schlug Moses zweimal mit seinem Stab über den Felsen und viel Wasser strömte heraus ...*
die zweitälteste Dokumentation ist wohl eine Abbildung des chinesischen Kaisers Yü, Dynastie der Hsia 2070 B.C. mit einer Gabelrute in der Hand.
Bei den Etruskern, den Meistern der Augural-

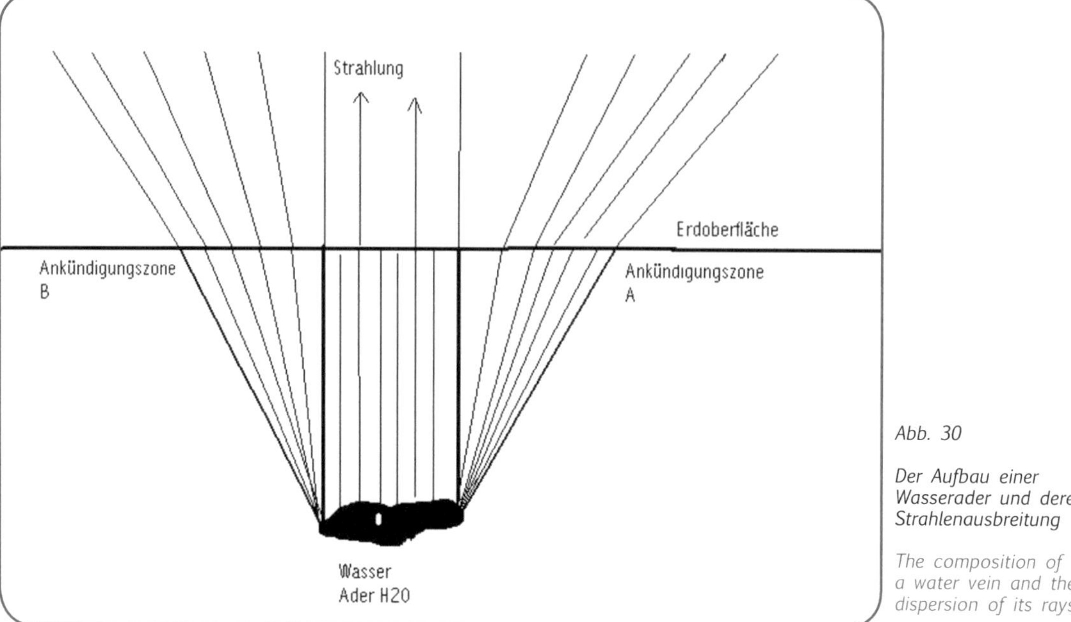

Abb. 30

Der Aufbau einer Wasserader und deren Strahlenausbreitung

The composition of a water vein and the dispersion of its rays

Wissenschaften, gab es eigene Kasten für die Wassersuche: die „Aquilices", die Brunnenbauer, die „Auqifices" und die Erbauer der Aquädukte waren die „Pontifices". Auch die Etrusker haben nachweislich ihre Städte nach dem „Globalgitternetz" ausgerichtet (Etruskische Ausgrabung von Misa/Marzobotto).

Die Wasseradern sind wasserführende Schichten im Gestein bzw. Spaltwasseradern oder auch röhrenartige Gerinne, je nach Gesteinart und Schicht und erzeugen durch ihre Fließbewegung Reibungsenergie in Form von schwachen elektromagnetischen Wellen, welche für einen Wünschelrutengeher fühlbar sind.

Wasseradern haben eine V-förmige Strahlenausbreitung nach oben zur Erdoberfläche hin und können nach verschiedenen Methoden aufgespürt werden. Für erfahrene Rutengeher ist nicht nur die Tiefe der Wasserader messbar, sondern nach viel Übung auch die Schüttung, das heißt die zu erwartende Wassermenge in Sekunden Liter. Die Strahlung der Wasseradern wird durch Gesteinsarten und -schichten verschiedenartig gebrochen und auch abgelenkt, welches oft die Ortung erschwert.

Die weitverbreitete Meinung, alle Wasseradern seien für Menschen schädlich, muss absolut verneint werden; das ist leider eine Fehlinformation. Nur die Pontenzierung der Strahlung an Kreuzungspunkten oder mit anderen Adernnetzen führt zu bisweilen massiven pathogenen Störungen. (Abb. 30)

Die vielfach von den Gegnern der Radiästhesie angeführte Behauptung, dass es nur flächige Grundwasserströmungen gäbe und keine Röhren oder kanalartigen unterirdischen Wasserläufe, ist natürlich auch aus geologischer Sicht

Our second oldest document is likely to be the depiction of the Chinese emperor Yu of the Xia Dynasty 2,070 BC with a forked dowsing rod in his hand. The Etruscans, themselves master augurs had specific castes for people who searched for water, the so-called "Aquilices"; for people who built wells, the "Aquifices" as well as for the builders of aqueducts, who were called "Pontifices". It is proven that the Etruscans oriented their cities according to the global grid net (Etruscan excavations of Misa, Marzobotto). Water veins are found in layers of rock that carry water or water crack veins or even pipe-shaped rivulets, which, depending on the type of rock and layer, produce energy by the friction of the flowing motion in the form of weak electromagnetic waves. These can be detected and felt by a dowser.

Water veins radiate in a V-shape towards the earth's surface and can be located using different methods. An experienced dowser can not only measure the depth of the water vein, but with a lot of experience can even determine the resulting amount of water to be expected in litres per second. The radiation coming from water veins is fractured and redirected in different manners depending on the type of rock and layer; this often makes locating the vein more difficult. The common belief that all water veins are noxious or detrimental to humans must be strongly refuted; this is pure misinformation. It is only when radiation is potentiated at junctions or crossings or when it meets with other kinds of vein grids that water veins can sometimes lead to massive pathological dysfunction.

The frequently made claim from opponents of

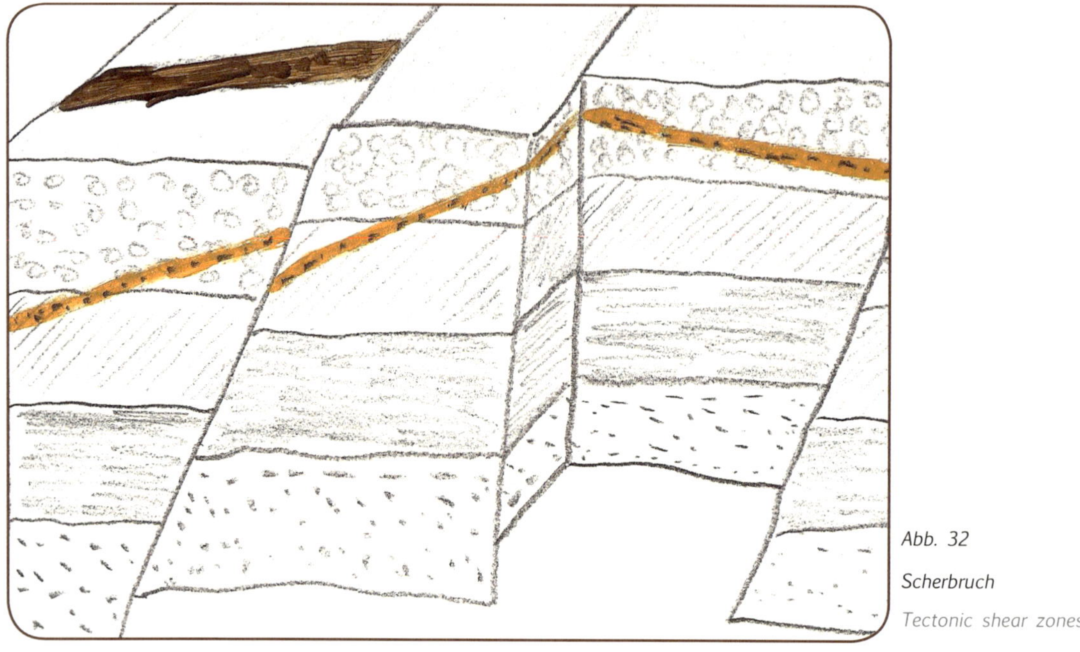

Abb. 32

Scherbruch

Tectonic shear zones

eine totale Fehlinformation.

Durch die sensationellen Leistungen um das Team von Prof. Betz aus München, zusammen mit der deutschen GTZ in vielen Ländern der Erde, konnten im Vergleich zur geologischen Wassersuche weitaus höhere Trefferquoten erzielt werden.

(Die GTZ – Deutsche Gesellschaft für Technische Zusammenarbeit GmbH – ist eine deutsche Gesellschaft für die Zusammenarbeit bei internationalen Projekten und ist in deutschem Staatseigentum.)

Gesteinverwerfungen

Die uns allen aus Wanderungen bekannten Riss- und Bruchlinien im Gelände, meist schräg von unten nach oben laufend, entstanden unter großem Druck und Reibung in der Zeit der Auffaltung der Erdoberfläche. Durch diese hat sich die kristalline Struktur der Gesteine zu ihrer Umgebung geändert. Auch kommt es öfters vor, dass durch diese Gesteinsspalten Radon oder Erdradioaktivität an die Oberfläche kommen. (Abb. 32)

Erdverwerfungen können für uns Menschen, falls wir uns länger darauf aufhalten, schädlich sein. Generell kann man sagen, dass die Gitternetze keineswegs, wie vielfach behauptet, für uns Menschen schädlich sind, denn dann gebe es ja keinen sicheren Platz mehr auf der Erde. Nur extreme Kreuzungspunkte von Netzen, gleichzeitig mit Adern, Wasseradern oder Verwerfungen können schädliche Plätze für uns Menschen sein, aber ebenso sehr intensiv aufladende. Dies festzustellen ist eben eine der Aufgaben der Radiästhesie.

radiesthesia that only flat groundwater currents exist and that there are no channels or canal-like underground water veins is, of course, complete misinformation from a geological point of view. Much higher success rates were achieved in many countries worldwide through the sensational work of Prof. Betz' team from Munich in cooperation with the German GTZ, than could be achieved with geological water searching methods.

[The GTZ - Die Deutsche Gesellschaft für Technische Zusammenarbeit GmbH - is an international cooperation enterprise for sustainable development with worldwide operations, has the corporate form of a "GmbH" (closed limited company), and is owned by the German Federal Government.]

Tectonic shear zones

Faults and tectonic shear zones in the countryside familiar to many of us while hiking usually run from top to bottom at an oblique angle. They were created when the earth's crust was buckled under with great pressure and friction. This in turn led to changes in the crystalline structure of these rock formations compared to their surroundings. It is also quite common for radon gas or other forms of terrestrial radioactivity to reach the surface through these cracks. These fault lines can cause us harm if we remain on top of them for too long. Generally it can be stated that grid nets are in no way dangerous for us humans, as is so often claimed, for in that case there would hardly be a safe place remaining for us on earth. Only extreme crossings of grids, occurring simultaneously with radiation veins, water

Abb. 33

Wünschelruten

Rods

Abb. 34

Die Lecherantenne ©

The Lecher antenna ©

Wünschelruten

Die klassische Wünschelrute aus einer frischen Weiden-Astgabel mit einer Seitenlänge von eineinhalb Fuß bzw. ca. 40 cm, war und ist das Hauptwerkzeug aller Wasser- und Quellensucher. Natürlich benützt man heute feinere Ruten aus verschiedenen Metallen, magnetisiert oder neutral, Kunststoffruten mit vormarkierten Grifflängen (Frequenzen), und die Lecherantenne als bisher sicherlich das genaueste geeichte Messgerät sowie verschiedenen persönlichen Griffhaltungen der Wünschelrute. Die ältesten Darstellungen von verschiedenen Rutenformen findet man wohl in den ägyptischen Grabkammern. (Abb. 30/33)

Die Lecherantenne ©

Von dem Physiker Reinhard Schneider wurde eine radiästhetische Arbeitstechnik auf Basis der Wellenlängenphysik entwickelt, wobei die Rute als Antenne, der Mensch als Empfänger verstanden wird. Eine Horizontalrute, meistens aus Kunststoff, wird dabei an unterschiedlichen Positionen abgegriffen, die in der Regel durch farbige Markierungen gekennzeichnet sind. Die Länge des Schenkels zwischen Hand und Rutenspitze wird als wirksame Antennenlänge in Beziehung zur gesuchten Strahlung (Wellenlänge) gesetzt. (Abb. 34/36)
Weiterhin wurden diese Wellenlängen auf einer Platine mit Skala und einem sogenannten Schieber aufgebracht. Wenn der jeweilige Wert eingestellt wird und in „Resonanz" geht mit der zu suchenden Störzone, löst dies den Rutenausschlag aus. Das physikalische Prinzip beruht auf einem Parallelleiter-System, das schon von Heinrich Hertz zur Bestimmung der

Divining or dowsing rods

The Lecher antenna ©

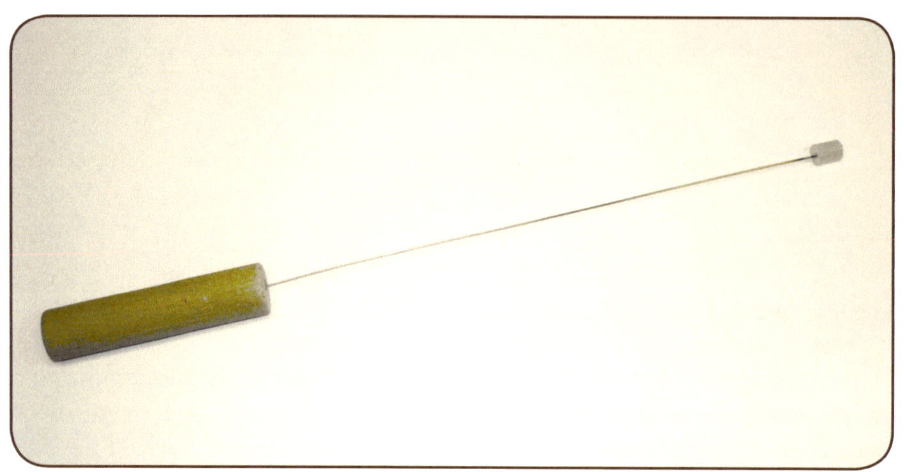

Abb. 35

Tensor

Tensors

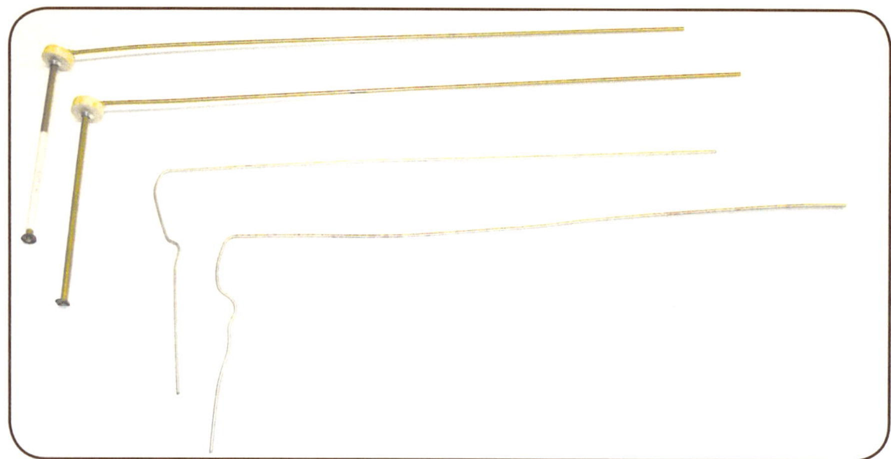

Abb. 36

Wünschelruten

Divining or dowsing rods

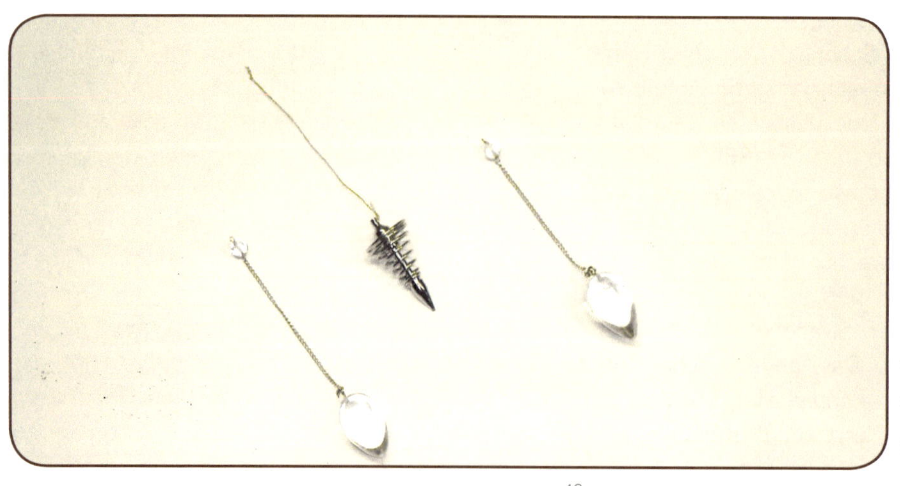

Abb. 37

Pendel

Pendulum

Länge elektromagnetischer Wellen benutzt wurde und zu Ehren des österreichischen Physikers Ernst Lecher (1856–1926) als „Lecherleitung" bezeichnet wird.

Tensoren

Darüber hinaus verwendet man in der Radiästhesie Tensoren, das sind Einzelantennen für die Feststellung von aufsteigenden Strahlenfeldern. (Abb. 35)

Pendel

Für das Anzeigen von Strahlenrichtung und vor allen Dingen der Flussrichtung der Strahlen ist das klassische Pendel am besten geeignet. Ob dieses Pendel aus Stein, Bergkristall, Holz, Messing oder Quarz ist, kommt auf die persönliche Erfahrung an. Für geübte Pendler genügt oft auch ein Schlüsselanhänger, denn schlussendlich ist das Pendel nichts anderes als ein Anzeigehilfsgerät. Die Länge der Pendelschnur hat allerdings Antennenfunktion, das heißt die Antennenlänge sollte mit der zu empfangenden Frequenz der abgestimmt sein. Bei sogenannten Blindtests zwischen Pendlern, zum Beweis der gleichen Ergebnisse der Mutung, muss allerdings die gleiche Grifflänge verwendet werden, ansonsten kein gerechter Vergleich möglich wäre. (Abb. 37)
Übrigens hatte auch „Ötzi", der Eismann von Hauslabjoch (3340 v. Chr.), ein Steinscheibenpendel in seinem Beutel.

Die Bio-Resonanz-Methodik

Nach dem Grundsatz alles ist Schwingung bzw. jede Materie hat eigene Atomfrequenz, wird die Resonanzmethode angewandt. Diese

to resonate by the suspected zone of disturbance, this triggers the rod to twitch or vibrate. The underlying physical principle is the parallel conductor system as already applied by Heinrich Hertz to determine the length of electromagnetic waves. It is named "Lecher circuit" in honour of the Austrian physicist Ernst Lecher (1856-1926). Physical radiesthesia, also called "length of grip technique", is based on the assumption that everything - whether water, geological fault line, cavity, various grid nets - emits a kind of radiation i.e. a particular characteristic wavelength.

Tensors
In addition tensors are used in radiesthesia. Tensors are single antennas that can detect ascending or vertical radiation fields.

Pendulum
The classic pendulum is best suited to indicate the direction of radiation and especially to indicate the direction of the flow of radiation. Based on personal experience the pendulum can be made of stone, rock crystal, wood, brass, or quartz. In fact, a key chain is often all that an experienced dowser needs, because after all, a pendulum is only an auxiliary indicator device. The length of the pendulum's string, however, serves as an antenna, which means the length should be adjusted to the frequency to be received. The same handle length must be used when performing so-called blind tests among dowsers to prove the same dowsing results; otherwise no fair comparison is possible. Incidentally, Ötzi also carried a stone disc pendulum in his pouch – he is the

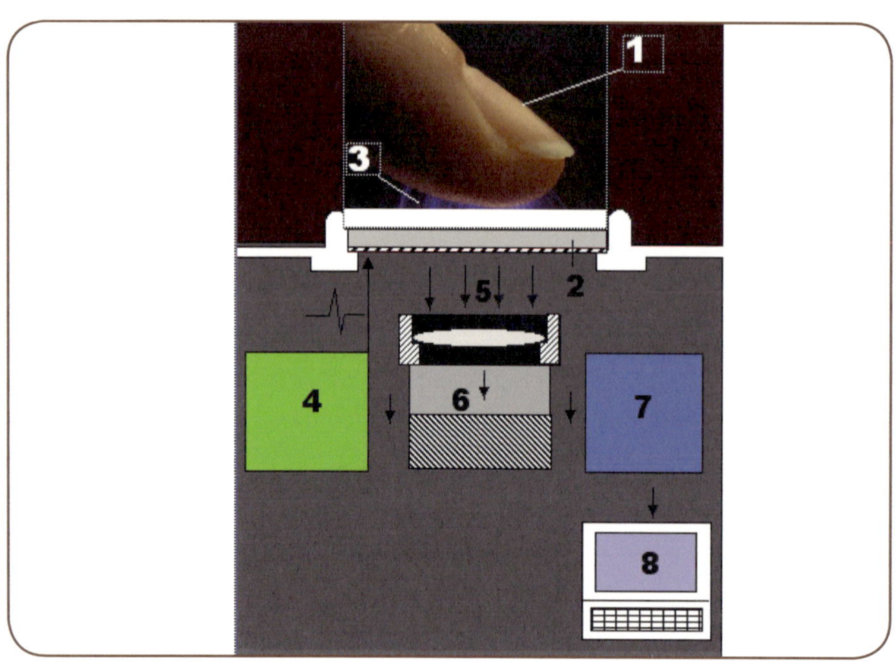

Abb. 38

Visualisierung der energetischen Aufladung durch die GDV-Messmethode -
Quelle GDV International

Visulaizing the energetic charging with the GDV measuring method

Abb. 39

Gasdiffusion durch die Haut

gasdiffusion through the skin

besag nichts anderes, als dass man sich die Eigenschwingung des zu messenden oder zu prüfenden zunutze macht, um entweder im allgemeingesundheitlichen Bereich festzustellen, ob es für einen verträglich ist oder auch um Dinge zu orten bzw. zu finden.

Die GDV-Methodik

Wie vom russischen Prof. Dr. Konstantin Korotkow entwickelte GDV-Methodik (Gas Discharge Visualisation) über den indirekten Weg der Aufladung von destilliertem Wasser herangezogen, um eindeutig Raetiasteine von normalen, ungeladenen Steinen zu unterscheiden. Somit ist es erstmals möglich, einen direkten, messbaren technischen Nachweis einer unbekannten Energetisierungsart zu erbringen. (Abb. 38- 41)

Speziell die Umpolarisierung von Wasser und Aufladung desselben durch die Raetiasteine kann nachgewiesen und visualisiert werden. Nach Prüfung verschiedenster Messmethoden entschieden wir uns für die GDV-Methode, weil sie im Gegensatz zu den Bioresonanzmethoden vom Gerätebediener weitgehend unabhängig arbeitet. Um ausschließlich den Kraftfeldnachweis des Raetiasteines zu erbringen, nutzten wir die Kraftfeld-Übertragungseigenschaft auf Wasser.

So konnten wir berührungslos dieses Kraftfeld an den Steinen indirekt messen. Wasser kann mit einem normalen Stein nicht messbar aufgeladen werden. Deshalb können wir über die indirekte Methode Raetiasteine von anderen (ohne Kraftfeld) klar unterscheiden und ebenso normales Wasser von aktiviertem.

Iceman from Hauslabjoch, the well-preserved natural mummy of a man from about 3,340 BC found on the border between Austria and Italy in the Schnalstal glacier of the Ötztal Alps in 1991.

Bio-resonance method

The bio-resonance method is applied according to the basic principle that "all matter vibrates", that is to say, all matter has its own characteristic atomic frequency. This method is simply about utilizing the unique and characteristic oscillations of what is to be measured or examined in order to determine whether it is tolerable in terms of general health. It is also used to locate and find objects.

GDV method

Methods of measurement are described by G. Pirchl in part II of this book. The Gas Discharge Visualization method - GDV - as developed by the Russian professor Dr. Konstantin Korotkow, serves to positively differentiate Raetia stones from normal, uncharged stones by the indirect method of (super) charging distilled water. Thus, for the first time it is possible to provide directly measurable technical evidence of a hitherto unknown type of energy and energizing. In particular, re-polarisation and (super) charging or energizing of water through Raetia stones can be proven and visualized.

After testing many different measuring methods we decided on the GDV (Gas Discharge Visualization) method, as it works largely independently from the person using the device, contrary to the bio-resonance methods. We utilized its properties to transfer a power field

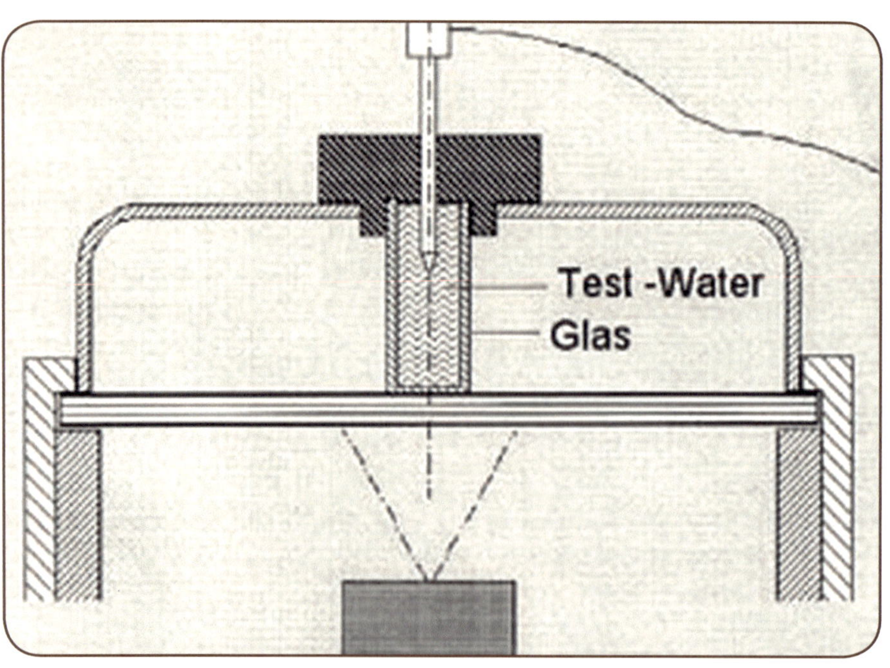

Abb.41

Visualisierung einer
Aufladung

Visualizing the process of
charging

Der Carpenter-Effekt

Der Carpenter-Effekt wird von den Gegnern der Radiästhesie gerne angeführt, dass alles nur Eigensuggestion bzw. Einbildung sei.

Ein kurzer Auszug aus Wikipedia, der freien Enzyklopädie, über dieses Thema: „Der Carpenter-Effekt bezeichnet das Phänomen, dass das Sehen einer Bewegung – sowie in schwächerem Maße, dass das Denken an eine bestimmte Bewegung – die Tendenz zur Ausführung eben dieser Bewegung auslöst. Neuere Untersuchungen mit elektrophysiologischen Methoden bestätigen die psychologische Gesetzmäßigkeit. Dabei ist der Carpenter-Effekt jedoch nur ein Aspekt des sogenannten ideomotorischen Effekts, wozu auch das Ideo-Realgesetz gerechnet wird. Es lassen sich mit Hilfe der Ableitung der Muskelaktionspotenziale nicht bewusste und nicht bis zur sichtbaren Ausführung gelangende schwache Muskelaktivierungen nachweisen, die strukturell im Impulsmuster den wahrgenommenen, vorgestellten bzw. gedachten Bewegungen entsprechen (bei Hacker, 1973).

Im Unterschied zum Carpenter-Effekt umfasst das Ideo-Realgesetz auch Vorgänge der Suggestion, des autogenen Trainings, der Ausdrucksübertragung u. a., was auch genutzt wird für indirekte Trainingsmethoden unter arbeitspsychologischen Aspekten. So lassen sich z. B. bei praktisch wichtigen Tätigkeiten auch ohne vollständigen motorischen Vollzug beträchtliche Lerneffekte erzielen, sodass ein Einsatz hauptsächlich für das Erlernen folgenreicher und gefährlicher Arbeitsaufgaben zweckmäßig wird (Hacker, 1973).

Der englische Naturwissenschaftler William

to water, in order to prove the exclusive power field of the Raetia stones. This enabled us to measure the power field of the stones indirectly and contact-free. Water cannot measurably be charged or energized by a normal stone. Thus we can clearly differentiate Raetia stones from other stones (with no power field) via this indirect method, just as we can distinguish normal water from charged or energized water.

The carpenter effect

The so-called Carpenter effect is frequently quoted by opponents of radiesthesia to prove that it only consists of autosuggestion and illusion. Here, a short excerpt from Wikipedia, the free encyclopaedia, on this subject: "The Carpenter Effect describes the phenomenon that seeing a movement – and equally, less pronounced, thinking about a movement – triggers the tendency to execute just that motion." Recent research with electro-physiological methods confirms this psychological phenomenon. However, the Carpenter effect represents only one aspect of the so-called ideomotor principle, to which the ideomotor law can be reckoned as well. Registration of skeletal muscle action potentials can demonstrate subconscious and weak activation of the muscle which does not lead to visible muscular responses. The resulting activation patterns correspond structurally to observed visualized or imagined movements. (Hacker, 1973)

In contrast to the Carpenter effect, the ideomotor law also includes processes such as suggestion, autogenic training, transfer of expressions and the like, which are also used for indirect training methods with aspects of

Abb. 42

Feldstärkenmessgerät

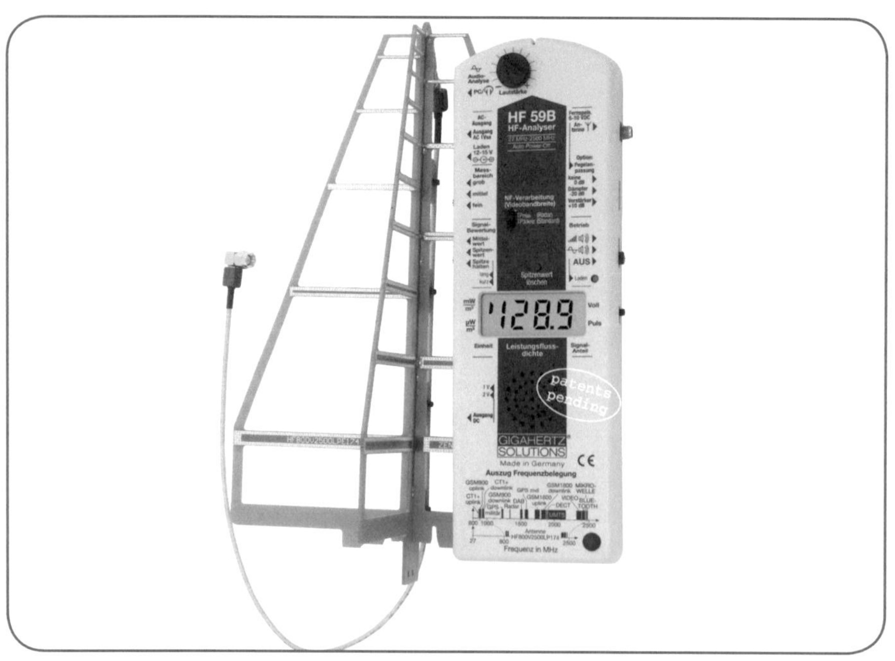

Abb .43

HF-Analyser

Benjamin Carpenter (1813–1885) beschrieb diesen ideomotorischen Effekt zum ersten Mal 1852. Viele esoterische Effekte von Para- und Pseudowissenschaften, wie z. B. Pendeln, Gläserrücken, das Verhalten von Wünschelruten und die gestützte Kommunikation, werden von der Schulwissenschaft durch diesen Effekt erklärt, was jedoch von der Gegenseite bestritten wird."

Nachdem es nach der Schulwissenschaft keine anderen Sinne als die offiziell bekannten geben darf, mag sich jeder sein eigenes Bild darüber machen. Zum Glück denken nicht alle Wissenschaftler so, ansonsten würde es speziell in der experimentellen Physik ja keine neuen Forschungsergebnisse mehr geben.

Da es Radiästheten gibt, welche aufgrund ihrer Sensibilität und des Trainings keine Hilfsgeräte mehr benötigen, wird die oben genannte Theorie von selbst ad absurdum geführt, aber sie sei der Ordnung halber angeführt.

Andere elektronische Messgeräte
Für die Messung von bestimmten Schwingungen bzw. Frequenzen gibt es bereits einige Messgeräte wie Feldstärke-Messgeräte, Elektrosmog-Messgeräte, Geo-Hythmometer, Hochfrequenz-Messgeräte sowie Bioresonanz-Messgeräte für den weiten medizinischen Bereich und die von uns gewählte, bereits oben beschriebene GDV-Methode. (Abb. 42/43)

Other electronic measuring devices
There are already several measuring devices to determine particular vibrations or frequencies such as detecting devices for field forces, for electro smog, geo-rhythmometres for high frequency as well as bio resonance for the general medical field as well as our chosen GDV (Gas Discharge Visualization) method, which we described above.

Abb. 44

Segelschiff Novara -
Spitzbergen

Sailship Novara in
Spitzbergen

Abb. 45

Kapitän Thomas Walli

Meine persönlichen Anfänge

Mein Beruf als Unternehmer, Pilzzüchter und Gewächshausbauer hatte es mit sich gebracht, dass ich meine natürliche Fähigkeit als Wassersucher und Rutengeher integrieren konnte und zahlreiche Brunnen für meine Gartenbaukunden gesucht und gefunden habe.

Nach Jahren der Vernachlässigung meiner natürlichen Fähigkeit als Wassersucher, kam das Buch von Gerhard Pirchl gerade zeitgerecht in meine Hände.

Ich war inzwischen Privatier, hatte eine 6-jährige Atlantik-Umsegelung sowie eine Segel-Expedition mit meinem damaligen Forschungssegelschiff „Novara" bis zu Packeisgrenze nördlich von Spitzbergen auf 81° Nord hinter mir und suchte nach neuen Aufgaben. (Abb.44/45) Ich wusste, dass ich meine seemännische Erfahrung von 85.000 Seemeilen einsetzten kann, um dieses unbekannte prähistorische GPS-System zu erforschen. Dazu brauchte ich natürlich Gerhard Pirchl als Entdecker der Adernsterne mit im Boot. Daraufhin kontaktierte ich ihn, und schon beim ersten Treffen in Innsbruck waren wir uns einig, dass er mich auf meiner Überfahrt von Korfu nach Malta begleiten wird, um von See aus Messungen durchzuführen. Als erstes versuchte ich herauszufinden, ob auch in meiner Nähe in Innsbruck ein Adernstern war. Schon am Tag darauf konnte ich von meinem Haus aus, in Innsbruck-Hötting, auf der gegenüberliegenden Talseite, am Lanserkopf, einen Adernstern mit dem Pendel anpeilen. Dies war mir nur möglich, da mich Pirchl tags zuvor in das System eingewiesen hatte und mir einen Raetiastein zeigte und fühlen

My personal history

My career as entrepreneur, mushroom grower and builder of greenhouses entailed my being able to integrate my natural ability to search for water as a dowser and I was able to look for and find numerous wells for my horticultural clients. After years of neglecting this natural ability, I happened upon Gerhard Pirchl's book at just the right time. I had, in the meantime, become a man of independent means, and had just spent six years circumnavigating the Atlantic Ocean. In addition, I had undertaken an expedition with my research vessel of the time, "Novara", right to the pack-ice frontier north of Spitzbergen at 81° northern latitude and was looking for a new challenge. I realized that I could put my seaman's experience of some 85,000 nautical miles to good use to investigate this unknown prehistoric GPS system. For this, of course, I needed Gerhard Pirchl, the discoverer of vein stars, to be on board. Therefore I contacted him and upon our first encounter in Innsbruck, Austria, we agreed that he was to accompany me on my crossing from Corfu to Malta, in order to conduct measurements from the sea. First, I set out to see whether there were any radiation vein stars to be found in my vicinity near Innsbruck. Right the next day I was able to locate a vein star with the pendulum on the opposite side of the valley from my house in Innsbruck-Hötting. This was only possible because Pirchl had taught me the system the day before and had shown me a Raetia stone and let me feel for it. So I set off for Lanserköpfel even though the snow was nearly ¾ of a metre high and

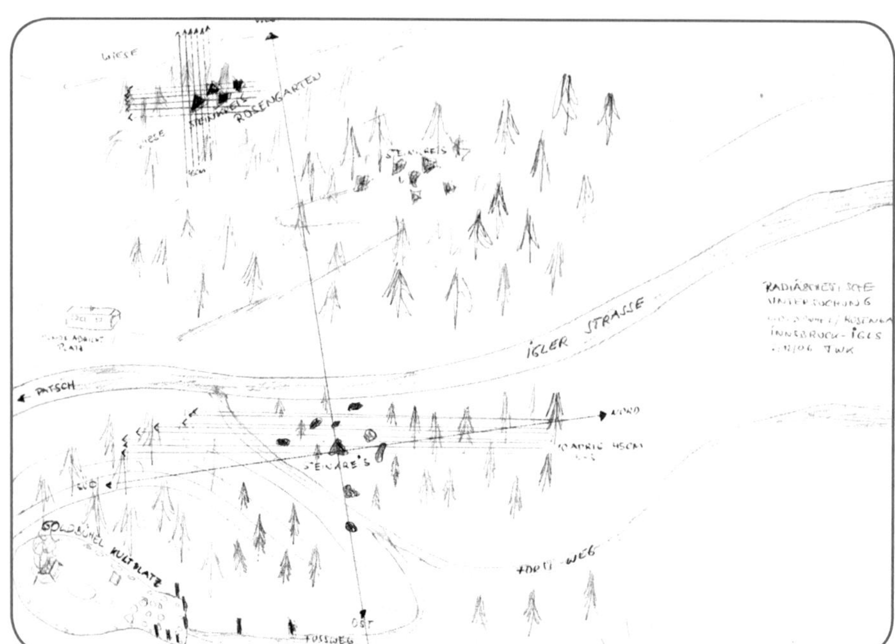

Abb. 46

Eine Mutung des Goldbühel im Winter 2006

Divining of Goldbühel during winter, 2006

ließ. Trotz einem dreiviertel Meter Schnee ging ich tags darauf auf das Lanserköpfel und wurde auch gleich bei der ersten Pendelung und Grabung fündig – meine ersten *Raetiasteine* waren gefunden.

Dieser Adernstern war genau wie von G. Pirchl beschrieben angelegt worden, zwei Hauptadern zeigten einmal talseitig Richtung Wipptal, zwischen dem Brandopferplatz Goldbühel (Abb. 46) und dem westseitig gelegenen Bühel laufend, Richtung Gleinser Jöchl bzw. dem dahinter gelegenen Wallfahrtsort Maria Waldrast und ein zweiter ins Oberland auf das Inzinger Plateau. Der ostwärts laufende Strahl ging auf einen bisher unbekannten Schalenstein im Ort Ampass und Richtung Reith im Unterinntal.

Am Wochenende ging ich mit Tourenschi Richtung Weiße Wand und konnte von dort aus den Richtstrahl aus Igls/Patsch kommend eindeutig auspendeln.

Die Sache fing an interessant zu werden.

Reisebericht I. Teil
Die ersten Messungen im Mittelmeer

Im März fuhren meine Frau und ich nach Korfu, um unser Segelschiff auszuwintern und reisefertig zu machen. Da fast nur Regenwetter und Kälte war, beschloss ich einem vom Schiff aus gemessenen Strahl nachzufahren und landete nach einer kurzen Autofahrt an einem der Westkaps mit dem Kirchlein Angelo Kristos, welches auf eine alte Kultstätte gebaut worden ist.

Hier konnte ich gleich einen Adernstern ausmessen, dessen zehnadrige Hauptlinie in 1 m Breite genau 270° nach Westen auf das Capo

discovered what I had come to find right with my first dowsing and digging: My first Raetia stones were unearthed! This vein star had been laid out just as Pirchl had described: Two main veins, one pointing towards the valley in the direction of the Wipptal, between Goldbühel, a site where burnt offerings had occurred, and the westerly hillock, towards Gleinser Jöchl to the pilgrimage site Maria Waldrast. The second vein pointed towards the upper region of the Inn valley towards Inzinger plateau. The ray going eastwards was directed at a hitherto unknown ancient stone vessel in the village of Ampass and on towards Reith in the lower Inn valley. That weekend I took my touring skis and ascended towards Weisse Wand from where I was able to locate the ray coming from Igls and Patsch, near Lans, very clearly. Things started to look promising.

First measurements in the mediterranean

In March my wife and I left for Corfu to dewinterize our sailboat and prepare it for travel. As the weather was all rainy and cold, I decided to track down a ray I had measured from the boat. After a short drive by car I reached the small church Angelo Kristos, which had been erected at an ancient cult site on one of the westerly promontories. Here, I could quickly measure a vein star, whose 10-pronged main line, one metre wide, led west at exactly 270° to the Capo di Leucca and whose secondary line, this time 60 centimetres wide, led to the island Orthonoi that lay within sight. The opposite eastern line, equally with a power field the width of one metre, led towards Igou-

Abb. 47

Agios Nikolaios/ Corfu

Abb. 48

G. Pirchl beim Pendeln der Navigationsadern

G. Pirchl dowsing the Veinlines

di Leucca zuführte, eine zweite mit 60 cm Breite zur der in Sichtweite gelegenen Insel Orthonoi, die gegenüberliegende Ostlinie ebenfalls 1 m Kraftfeldbreite Richtung Iguomenitsa auf dem Festland. (Abb. 47/48)

Ich war zwar nicht weiter überrascht, dass ich gleich etwas gefunden hatte, aber trotzdem wurde mir langsam klar, welch wichtige Entdeckung ich gemacht hatte. Es konnte tatsächlich funktionieren, entlang dieser geheimnisvollen Adernbahnen zu navigieren.

Als Abfahrtstermin hatten wir den 15. April gewählt. Anlässlich der Forschungsfahrt von Korfu nach Malta wurden alle durchgeführten Messungen als Doppelmessungen durchgeführt, also getrennt von mir und einmal von Gerhard Pirchl. Die Richtung der ankommenden Strahlung wurde mit Hilfe eines am Boden liegenden Kompass, sowie die Breite der Strahlenbahnen mit einem am Boden liegenden Meterbandes notiert. Die Position der Messungen wurde mittels GPS festgestellt und die Richtung als wahre Peilung (+/– örtliche Missweisung) in die Seekarte eingetragen. Als wir am 15. 4. mit Gerhard Pirchl, meinen alten Freunden Stefan Leipelt und Dietmar Klimbacher von der Gouvia Marina/Korfu aus lossegelten, teilte ich die von mir schon vorher gependelten Peilungen Pirchl nicht mit, ich wollte eine Bestätigung von ihm. Nach Auslaufen aus der Marina peilte er sofort eine Navigationslinie in Richtung 40° mit 77,5 cm Breite auf das Kap Kepikirion (Kapelle) zu, sowie eine 1 m Breite Hauptlinie aus 290° genau auf die von mir vorher besuchte alte Kultstätte Angelo Kristos hin.

Da ich neben ihm im Cockpit stehend die gleichen Messungen machte, teilte ich ihm nun

menitsa on the mainland. Even though I wasn't particularly surprised to have found something right away, the importance of my discovery only dawned on me slowly. It might really be possible to navigate along these mysterious radiation vein routes. We had chosen April 15 as our date of departure.

During our expedition from Corfu to Malta all measurements were conducted twice, separately - once by me and once by Mr. Pirchl. The direction of the incoming ray was assessed with the aid of a compass placed on the floor; the width of the vein was noted with the aid of a measuring tape that was on the floor as well. The position of the measurements was determined via GPS and the direction noted in the sea chart as true bearing +/- local magnetic declination.

As we set off from the Gouvia Marina in Corfu on April 15 with Gerhard Pirchl and my old friends Stefan Leipelt and Dietmar Klimbacher, I decided not to tell Pirchl about my previously discovered bearings. I wanted him to confirm them for me. After setting out to sea from the marina, he immediately located a navigation vein, in the direction of 40° with a width of 77.5 centimetres and pointing towards Cape Kepikirion (chapel) as well as a main vein one metre wide coming from 290°, heading exactly towards the ancient cult site Angelo Kristos, which I had just visited. Since I was standing right beside him in the cockpit and I saw he had completed the measurements, I now told him about my previous measurements: they matched! We had hardly rounded the northeastern Cape Agio Stefanos off Corfu, when we located a vein line in direction of 300° at

Abb. 49

Kurs Orthonoi

Course on Orthonoi

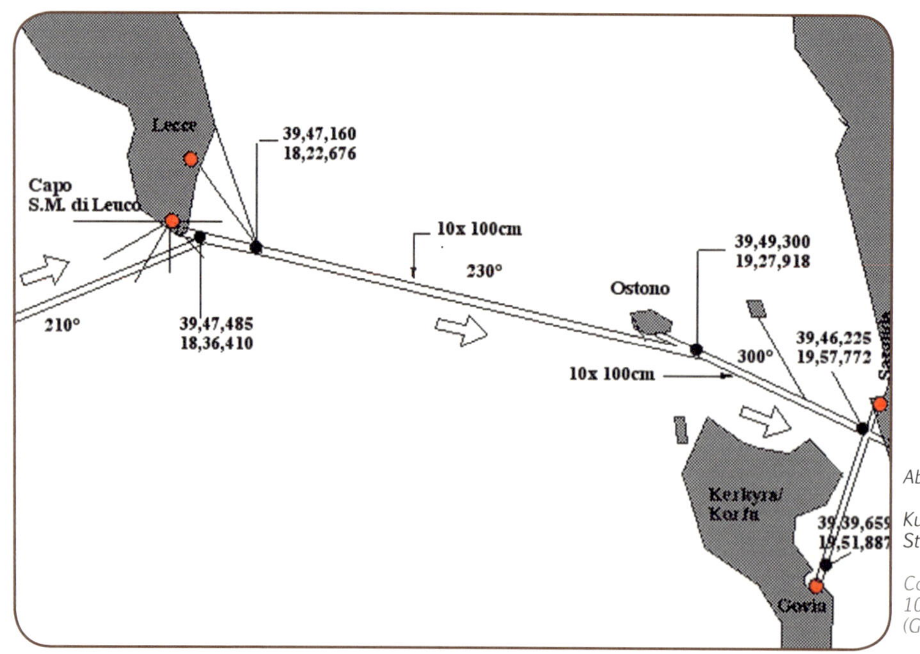

Abb. 50

Kurslinie der 10-adrigen
Strahlenbahn

*Course line of the
10-pronged radiation vein
(G.P.)*

meine Vormessungen mit, sie deckten sich. Kaum umrundeten wir das Nordostkap Agio Stefanos von Korfu, peilten wir eine Adernlinie mit 300° Peilung auf der Position N 39.41.998 und O 19.57.310.

Wir segelten genau entlang dieser 1m-Adernlinie und erreichten nach einer Fahrt von zweieinhalb Stunden genau den einzig sicheren Ankerplatz der Südküste Orthonois. (Abb. 49) Kurz vor der Insel auf N 39.49.300 O 19.27.918 orteten wir noch eine querlaufende Navigationslinie mit 45 cm Breite, welche südwärts auf das Kirchlein von Angelo Kristos zuläuft. Wir ankerten über Nacht vor Orthonoi und segelten am Ostersonntag der 1-m-Navigationslinie Kurs 230° folgend weiter und erreichten später um acht Uhr das Capo San Maria de Leucca.

Auf dieser Überfahrt über die Straße von Otranto peilten wir auf der Position N39.48.579 O19.21.542 eine wiederum 77,5 cm breite Navigationslinie, welche aus Nordwest von dem Capo de Otranto aus Richtung Angelo Kristos lief. Dies würde auch seemännischen Sinn machen, denn hinter dem Cap von Angelo Kristos befindet sich die sichere Ankerbucht von Paleokastrista mit dem dort liegenden schönen Kloster. Vor Erreichen des Ortes von Leucca fuhren wir durch ein wirres Feld von Linien, welche auf eine nahe liegende Kraftquelle hinwiesen. (Abb. 50)

Die Grotte von Capo Leucca

Wir entdeckten, dass dieses System außerordentlich einfach zu handhaben war. Bog eine Ader 30 Grad in die Hauptadernstraße ein,

Capo Leucca - Calabria

Abb. 51

Capo Leucca

Capo Leucca

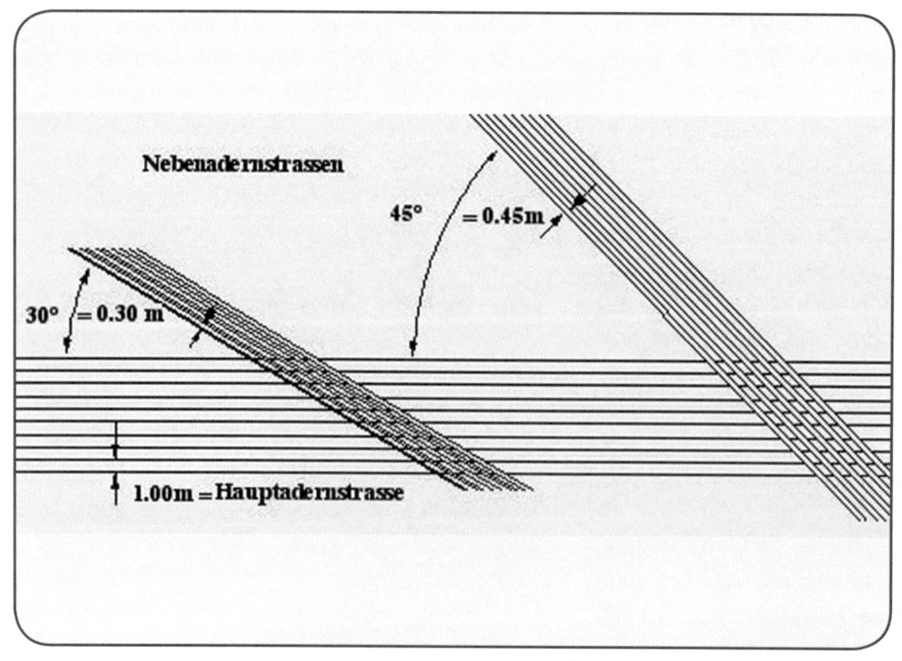

Abb. 52

Der Adernabstand im Verhältnis zum Winkel

The distance between single veins in relation to their angle of entry (G.P.)

hatte sie einen Adernabstand von 30 cm. War der Winkel der einbiegenden Ader 45 Grad, hatte diese einen Adernabstand von 45 cm: so einfach und praktisch war dieses System. (Abb. 51/52) Man konnte aus dem Adernabstand bereits den Winkel erkennen, mit welchem die Ader abzweigte. Kaum im Hafen festgemacht und landfein, marschierten wir vier los auf die Punta Risola zu. Schon beim Überqueren der davor liegenden Autobrücke stöhnte Pirchl auf, seine Füße schmerzten stark beim Überqueren einer besonders starken Adernlinie, welche vom rechtseitigen Kastell heraus auf das Kap zulief. Da er nach seiner Herztransplantation an Wasser in den Füßen leidet, wird er beim Überschreiten von Adernlinien von der Natur sehr schmerzhaft darauf aufmerksam gemacht. Als wir die, als archäologische Stätte gekennzeichnete Grotte am Kap betraten, fühlten wir gleich, dass hier ein unheimlich starker Adernkreis vorhanden ist. Die Hauptlinien konnten gleich gemessen werden. Als ich dann in die von oben zugängliche Grotte eintrat und langsam pendelnd hinunterstieg, sah ich sofort die überall freiliegenden gelben Raetiasteine in Hülle und Fülle aus Seitenhöhlen austreten.
Links und rechts führten gegrabene Stollen ins Gestein und am Boden waren ausgelegte Adern deutlich sichtbar.
Die Ausstrahlung war so stark, dass Gerhard Pirchl fluchtartig die Grotte verlassen musste, da die Schmerzen ihn überwältigt hatten.
Ich ging mit Stefan Leipelt noch weiter, und als ich im Zentrum der Grotte mit Ausgängen nach Süd-Ost und West (Meeresniveau teils überflutet) angelangt war, fing auch meine Hüfte so zu stechen an, dass ich nach kurzer Zeit, bela-

Abb. 53

Eingang zur Grotte

Entrance to the cave

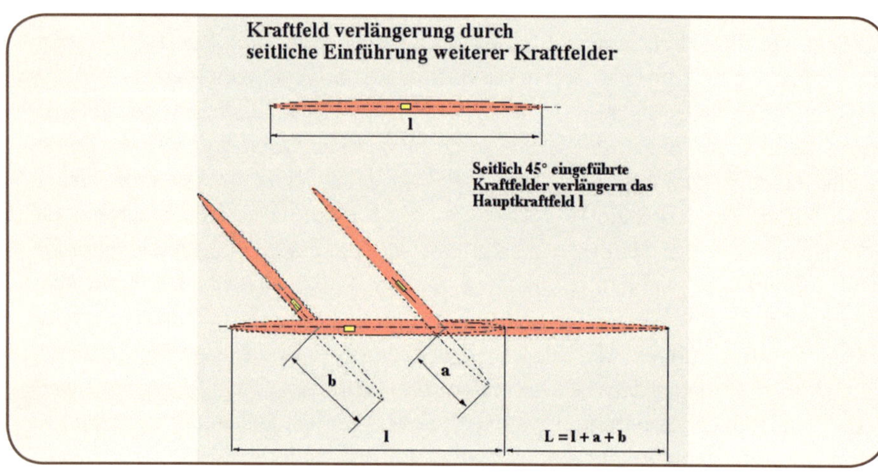

Abb. 54

Kraftfeldverlängerung

Intensivieing of the powervein

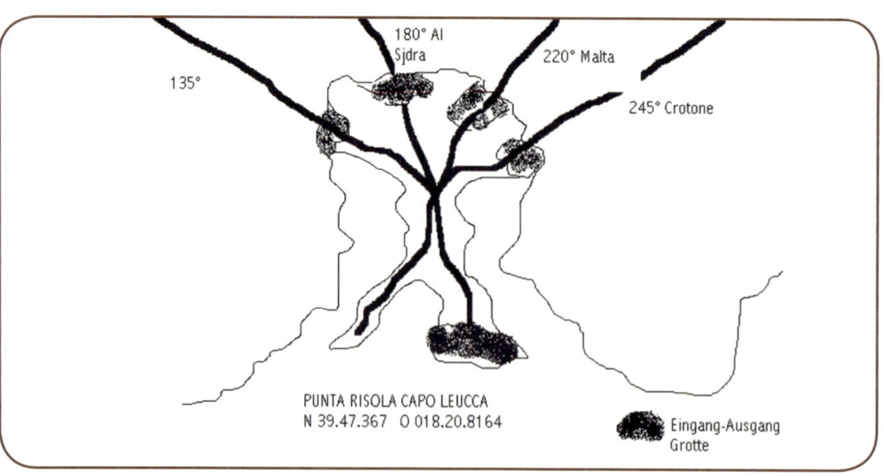

Abb. 55

Adernlinien der Grotte

Power veins of the cave

den mit Raetiasteinen, die Höhle verließ. Hier lernte Stefan Leipelt selbst zu pendeln, und nach den ersten erfolgreichen Versuchen war er sehr erregt über die Wiederentdeckung seiner Fähigkeiten. Die Ausstrahlung in der Grotte war als sehr negativ zu bezeichnen und nicht ungefährlich, dort überschneiden sich mindest vier starke Strahlenbahnen und Gitternetz-Überlagerungen und verstärken ihre Kraft. (Abb. 53/55/55/58/59)

Die Messungen auf diesem extremen Adernstern ergaben Folgendes:

Hauptlinie 10-adrig mit 1 m Abstand Nord, Ost, Süd, West laufend, die Zwischenadern Nordost, Südost, Südwest und Nordwest 60 cm Breite. Die Unteradern auf 1/8 Kompassradius 0,45 cm Breite. (Abb. 47/49/53/54)

Die Ader Süd läuft gerade auf die Küste Libyiens zu, in Richtung der Hafenstadt Al Sjdrah, die Linie 225° auf Malta/La Valetta und die Linie 245° auf Crotone.

Eine bisher überaus zufrieden stellende Erfahrung machte sich bei uns breit und wir ahnten erst langsam, welcher wichtigen Sache wir auf der Spur waren.

Ostermontag um sieben Uhr ging es unter Motor statt unter Segel zehn Stunden quer über den Golf von Taranto entlang der 40-cm-Navigationslinie von Capo de Leucca auf Kurs 245°, welcher uns zum Capo de Collonna bzw. darüber zum Hafen von Crotone führte. Nach Übernachtung im Hafen von Crotone segelten wir am Tag darauf entlang der Linie 220°, ausgehend von Crotone, weiter nach Punto Stilo und dem Hafenbecken von Rocella Ionico (Abb. 56) mit einem markanten Kloster und einer Festungsanlage auf einem Berg hinter

Abb. 56

Hafen von Rocella Ionico

Harbour of Rocello Ionico

Abb. 57

Festung Rocella Ionico

Castle of Rocello Ionico

der Ortschaft. (Abb. 57) Da schon seit dem Morgen der Luftdruck bodenlos in den Keller fiel, von 1012 Hb (Hectopascal) auf 998 HB, war klar, dass Sturm aus NW aufkommt. Aus diesem Grunde verzichtete ich auf die etwas langsamere Seglerei tagsüber mit dem noch leichten SO-Wind und fuhr eher unter Vollgas mit beiden Maschinen. Ungefähr 2h vor Erreichen des sicheren Hafens briste der Wind auf 25 Kn SO auf und die Welle steigerte sich bis auf 4 m Höhe, mir grauste schon vor der Hafeneinfahrt, da diese genau im Küstenbrecherbereich lag.

Mit 14 Kn Surffahrt und fast ohne Ruderdruck rauschten wir um die Mole herum mit nur mehr 1 m Wasser unter den Kielen in die Hafeneinfahrt.

Uff … gerade noch einmal gut gegangen.

Ich hasse solche riskante Manöver, aber der Sturm ließ nicht lange auf sich warten. Schon 30 Minuten nach Festmachen blies es mit 35–40 KN aus NW, und das gegen die aus SO laufende Dünung!

Am nächsten Morgen marschierten wir die 6 km in die Stadt und auf die Festung hinauf. Dort stellten wir fest, dass auch Adern vorhanden waren, aber die Hauptadern kamen aus dem Hinterland und wurden durch den Berg verstärkt. Dies ließ natürlich Gerhard Pirchl nicht zur Ruhe kommen, und durch einen Versuch an Bord mit Raetiasteinen war bald klar, dass die Linien bis zu 40° maximal umgelenkt und verstärkt werden können. So konnte eine Hauptnavigationslinie, welche auf ein gefährliches Kap zuführt, von dort aus verstärkt und gleichzeitig bis zu 40° die Richtung geändert werden, so dass die Linie an einem gefähr-

Abb. 58

Grotte Capo Leucca
Südlicher Ausgang

*Grotto opening to the
south*

Abb. 59

Grotte Capo Leucca
Westlicher Ausgang

Grotto opening to the wes

lichen Punkt, wie einem Unterwasserfelsen, sicher vorbeiführt bzw. auf das nächste Ziel hinführt.

Wieder konnte eine neue Erkenntnis durch diese Forschungsfahrt aus langer Vergangenheit zurückgewonnen werden. Abends um 17 Uhr liefen wir zu dem spannenden Versuch einer Nachtfahrt in das 87 SM (160 km) entfernte Siracusa/Sizilien nur entlang der Kraftlinie, welche vom Festungsberg herauskam, in das 87 SM (160 km) entfernte Siracusa/Sizilien aus. GPS und Kompass waren abgeschaltet bzw. abgedeckt.

Pirchl wusste den Kurs nach Siracusa nicht, ich als erfahrener Kapitän ungefähr, obwohl ich nicht präzise auf der Seekarte nachgemessen hatte. Schon kurz nach dem Auslaufen aus dem Hafen trafen wir auf eine 1-m-Ader, welche auf 210° zulief. Dieser Adernstraße fuhren wir in die beginnende Nacht hinein, in dem wir alle 3o min pendelten. Nach dem Capo di Spartivento bog die Adernstraße auf 220° ab. Wahrscheinlich wurde sie von einer Ader am Kap um 10° umgelenkt. Die Kurse wurden von Stefan Leipelt notiert und in die Seekarte eingetragen, ohne diese uns beiden mitzuteilen. Die Wettervorhersage hieß NW nachlassend auf 15-20 Kn, aber leider blies es noch bis zu 38 KN (60 km) in der sehr unruhigen und stürmischen Nachtfahrt mit bis zu 5 m brechenden Wellen.

Hier kann sicherlich jeder Segler verstehen, dass es ohne ein richtungweisendes System unmöglich wäre, Kurs zu halten. Schließlich war es Nacht, dunkel und stürmisch. Trotz der ungeheuren Schaukelei am Schiff richtete sich

Abb. 60
Kurs Sizilien
Heading to Sicily

Abb. 61
Siracusa

das Pendel nach kurzer Zeit in eine eindeutige Längsbewegung ein und die 1 m Breite der Strahlen konnte ja leicht bei 6,50 m Schiffbreit und Zickzackkurs nachgemessen werden.Um 10 Uhr vormittags erreichten wir sicher und „punktgenau" die Bucht von Siracusa, und dies nach einer Strecke von 160 km! (Abb. 60/61) Der Beweis war erbracht, dass man sicher über lange Seestrecken auf den Adernstraßen navigieren konnte und immer noch kann.

Interessant war auch, dass uns seit Korfu täglich Delphinschulen in großen Gruppen begleiteten und dann immer kursgenau voraus weiterschwammen, ebenso dass wir auf dieser Reise drei Brieftauben als Zwischenlandstation an Bord hatten. Es ist anzunehmen, dass auch die Tiere sich teilweise nach den Adernlinien orientieren.

Neue Entdeckungen in Siracusa

Am nächsten Morgen ging Gerhard Pirchl zum äußerst kraftvollen Ort des Domes, um hier Messungen durchzuführen, wir aber fuhren mit dem Taxi zum bekannten Steinbruch und griechischen Amphitheater von Neapolis im Vorort von Siracusa.

Dort befinden sich auch die riesigen Grotten, das Ohr des Dionysos sowie die Grotte die des Cordari und die bekannte Nymphäumsgrotte mit immer noch sprudelnder Quelle. (Abb. 64) Stefan Leipelt und ich konnten gleich einige sehr starke Adern messen, welche aus der Quelle sowie den nebenliegenden Höhlen (angebliche Gräber) liefen. Diese Höhlen haben links und rechts angelegte apsisartige Seitenhöhlen mit in Stein gemeißelten Sitzbänken. Hier war eine

navigate safely for long distances at sea by following the radiation veins. It is also interesting to note that since Corfu large pods of dolphins had been accompanying us and had always swum ahead, staying the course. Three carrier pigeons had also arrived on board for a rest during this voyage. One can nearly presume that even animals orient themselves partly according to radiation lines.

New discoveries in Syracusa

The next morning Gerhard Pirchl set out for the most powerful place, the cathedral, to make further measurements while we took a taxi to visit the famous quarry and Greek amphitheatre of Neapolis in the suburbs of Syracuse. A huge grotto area is located there, with grottoes such as the so-called Ear of Dionysus, the Cordari grotto and the well-known grotto of the nymph with a well, still bubbling to this day.

Stefan Leipelt and I were able to find several very strong veins right away. They were coming from the well and from the nearby caves (alleged graves). These caves are equipped with side caves, apsis-like, to the left and right with benches for sitting hewn into the stone. A completely calming and positive atmosphere can be felt here. Remarkably, the exiting power lines followed grooves hewn into the rock floor. They are exactly 10 cm wide and 1 metre apart and go right to the edge of the lower lying amphitheatre.

The cave to the left is particularly striking, with two approximately 25 cm wide stone grooves inside, still partly filled with Raetia stones. The

Abb. 62

Steinrinnen Siracusa

Stone grooves in Syracuse

Abb. 63

*Steinrinnen aus der
Nebenkammer laufend*

*Stone ruts running out
from the side chambers*

total beruhigende und aufladende Atmosphäre spürbar. Auffallender Weise gingen die austretenden Kraftlinien entlang der in den Felsboden gemeißelten Rinnen, welche genau 10 cm Breite und 1 m Abstand weiterführend bis zum Rand des darunterliegenden Amphitheaters. Besonders auffällig ist die linksseitige Höhle, welche zwei ca. 25 cm breite Steinrinnen im Inneren aufweist, die immer noch teilweise mit Raetiasteinen gefüllt sind.

Diese treten durch den Fels verstärkt ins Freie und weiter in schön gemeißelten Steinrinnen, welche ca. 25 m weit bis zu einem Felsabbruch laufen. (Abb. 62/63) Die linke Rinne läuft geradeaus weiter, die rechte aber biegt sich langsam in 35° nach rechts auf zwei Nebenhöhlen, welche neutral und sehr beruhigend mit gemeißelten Sitzbänken ausgestattet sind. Vom Hauptraum laufen 10 Adernreihen ins Freie und dort führen genau 10 cm breit gemeißelte Steinrinnen in genau 1 m Abstand zum Rand des Plateaus. (Abb. 62/65) Jetzt war uns auch klar, wie die damaligen, genialen Menschen vor Jahrtausenden die ungeheuere Genauigkeit dieser Adernstraßen vollbrachten. Aus purem Fels gemeißelt und mit Raetiasteinen gefüllt, so einfach und doch so ungeheuer genial war das System der Erfinder der "Navigationskraftlinien".

Verblüffend war für uns, dass diese Kraftlinien immer noch intakt sind, obwohl die Steinrinnen nur sehr schwach mit Steinen gefüllt sind.

Von der Insel Capo Passero nach Malta

Am Samstag den 22. 4. 2006 segelten wir um sechs Uhr bei Sonnenaufgang von unse-

veins are reinforced by the rock they pass through and exit the cave to continue in nicely chiselled stone channels that run for about another 25 metres to the edge of a cliff. The left groove runs straight ahead, while the right one slowly turns to the right by about 35° towards 2 side caves, which feel neutral and very calming and are equipped with hewn benches. Ten beams leave the main cavern. Outside, 10 cm wide chiselled stone ruts with exactly one metre between them lead to the edge of the plateau. Now it became clear to us how these ingenious people, thousands of years ago, had perfected the incredible precision of these power veins. Chiselled ruts into solid rock filled with Raetia stones: The system of the inventors of navigation veins was so simple and yet so ingenious!

It remains intriguing to us that these radiation veins are still intact, even though they are only very poorly filled with stones.

From cape passero island to malta

At sunrise on Saturday, April 22, 2006 we sailed away at 0600 from our anchorage in front of Passero Island on the south-east cape of Sicily towards Malta. The evening before, armed with spades, we had taken our dinghy to shore and marched to the lighthouse in front of which a large column was dedicated to St. Mary on the eastern cape of Passero Island.Here, we discovered several beams coming out from under the lighthouse. The vein formation had probably been built upon. Outside with his pendulum, G. Pirchl soon found a few Raetia stones that were

Abb. 64

Nymphäumsgrotte

Grotto of the nymph

Abb. 65

Steinrinnen

Stonegutters

Abb. 66

G. Pirchl beim suchen der Raetia Steine

G. Pirchl searching for Raetia Stones

Abb. 67

Raetia Steine Isola Pasero

Raetia Stones Isola Pasero

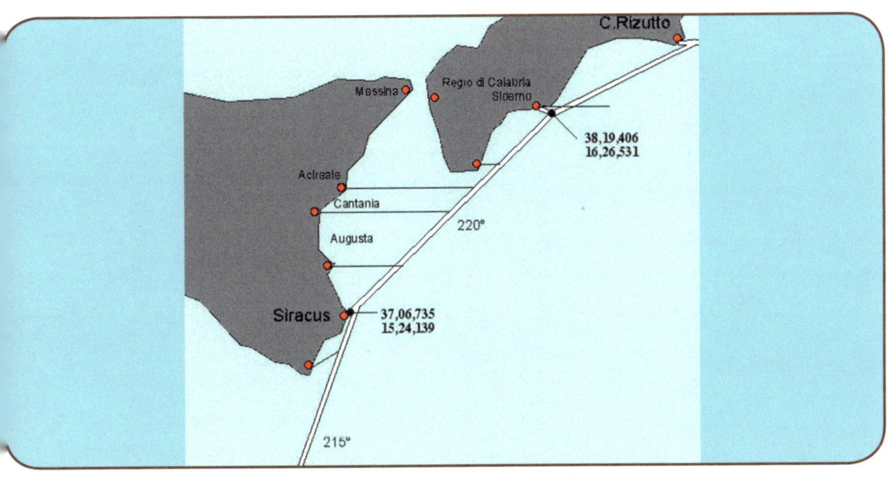

Abb. 68

Kurslinie Capo Rizuto/ Malta - mit Seitenpeilungen

Courseline Capo Rizuto/ Malta   with sidebearing

Abb. 69

T.Walli Syracusa

rem Ankerplatz vor der Insel Passero am Süd-
ostkap Siziliens Richtung Malta. Am Vorabend
fuhren wir mit Spaten bewaffnet, mit unserem
Beiboot an Land und marschierten ans Ostkap
der Insel Passero zum Leuchthaus mit einer
großen Mariensäule. Dort fanden wir diverse
Adern unter dem Leuchtturm herausstrahlen,
wahrscheinlich war der Adernkreis überbaut
worden. Im Freien pendelte G. Pirchl bald einige Raetiasteine aus, welche nur knapp unter
der kargen Grasschicht lagen. Nach Umrunden
der Insel kamen wir gleich wieder auf die
Hauptlinie mit 1 m Abstand direkt nach Malta
weisend. Um neun Uhr landete eine Brieftaube
aus Ost kommend an Deck, begleitet uns ca.
40 Minuten, sich ausrastend, und flog genau
nach erreichen einer querlaufenden 40-cm-Linie
wieder Richtung Nordwest weiter. (Abb. 68/70)
Schon wieder ein Zufall?
Wir folgten dem Kurs von 210° und erreichten
um acht Uhr die Einfahrt von La Valletta.
Der erste Teil der Forschungsfahrt Navigationskraftlinien war erfolgreich und mit ganz neuen
Erkenntnissen abgeschlossen. (Abb. 70/71/72)

Die Verlegung der Steinketten am Festland

Die Verlegung der Raetiasteine am Festland
erfolgte in verschiedenen Varianten, je nach
dem Platzangebot.
Auf einer vorgelagerten einsamen Insel bei
Capo Passero fanden wir Raetiasteine in line-
arer Anordnung im Boden. An anderen Stellen,
wo das Bodenangebot knapp war, wurden die
Raetiasteine gleichgerichtet in Haufen verlegt.
Bevorzugt wurden diese Steinhaufen in Grotten
angeordnet. (Abb. 74/75)

*only slightly covered by sparse layers of grass.
After sailing around the island we immediately
arrived back to the main vein 1 metre wide,
pointing directly towards Malta. At 9 o'clock
a carrier pigeon coming from the east landed
on our deck. Having a rest, it stayed with us
for about 40 minutes and left us again flying
towards the north-west, right after we reached
a lateral 40 cm line.
Another coincidence?
We stayed our course at 210° and reached the
entry to La Valetta 8 hours later. The first part
of our exploration voyage along "navigation
radiation veins" had been completed successfully and with brand new discoveries.*

Rows of Raetia stones on the mainland

*There were different ways to place the Rae-
tia stones on the mainland, depending on
the available space. On a lonely island off
the shore of Capo Passero we found Raetia
stones in linear alignment in the ground. At
other places, where soil was scarce, the Raetia
stones were placed in piles all directed the
same way. There was a preference for stone
piles in grottos.*

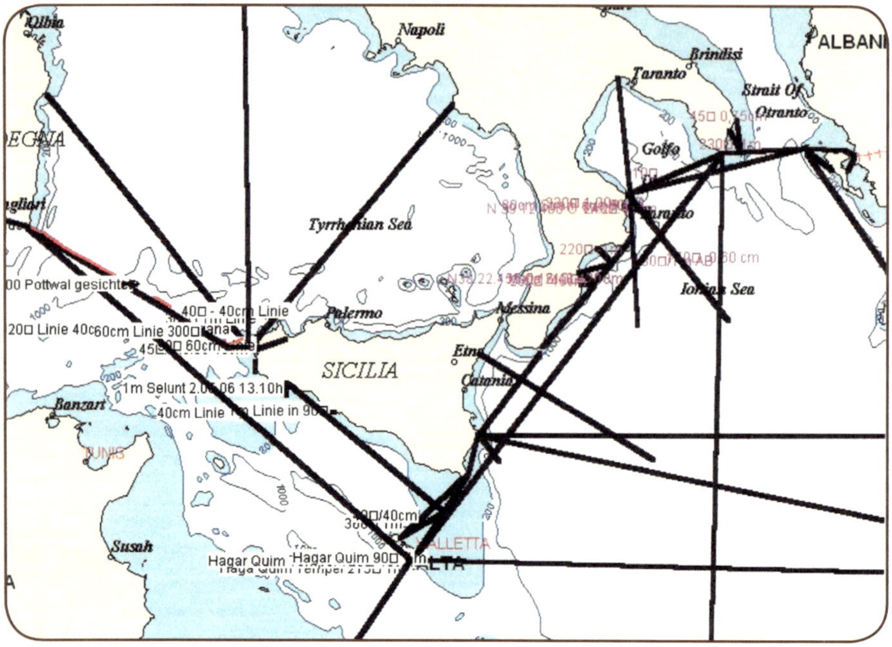

Abb. 70

Adernkarte südliches Mittelmeer

veincard from the South mediterrenean

Abb. 71

Adernkarte westliches Mittelmeer

veincard from the West mediterrenean

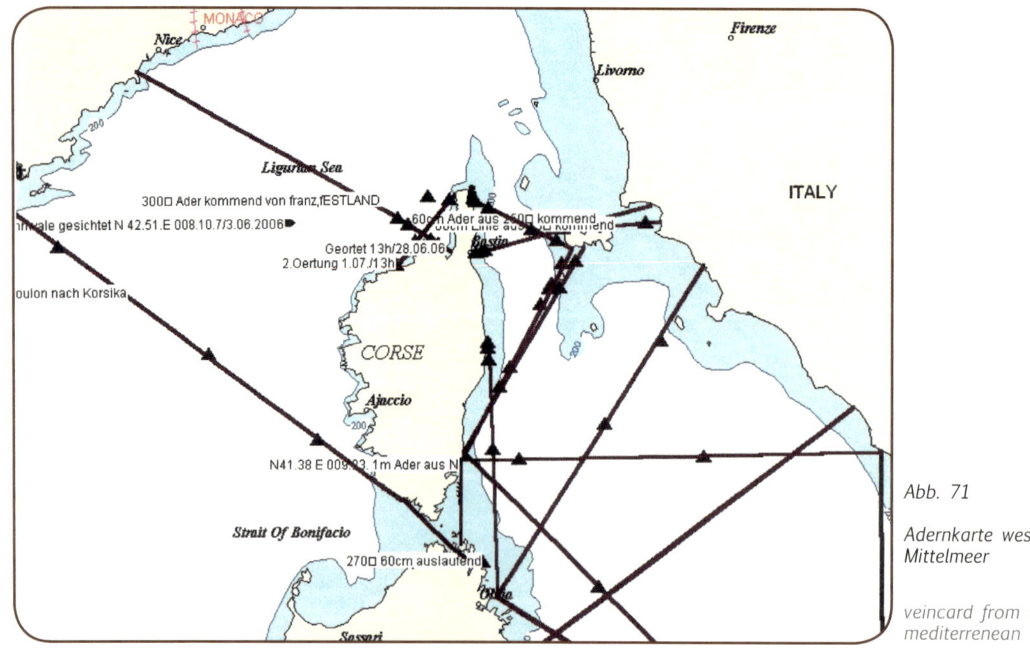

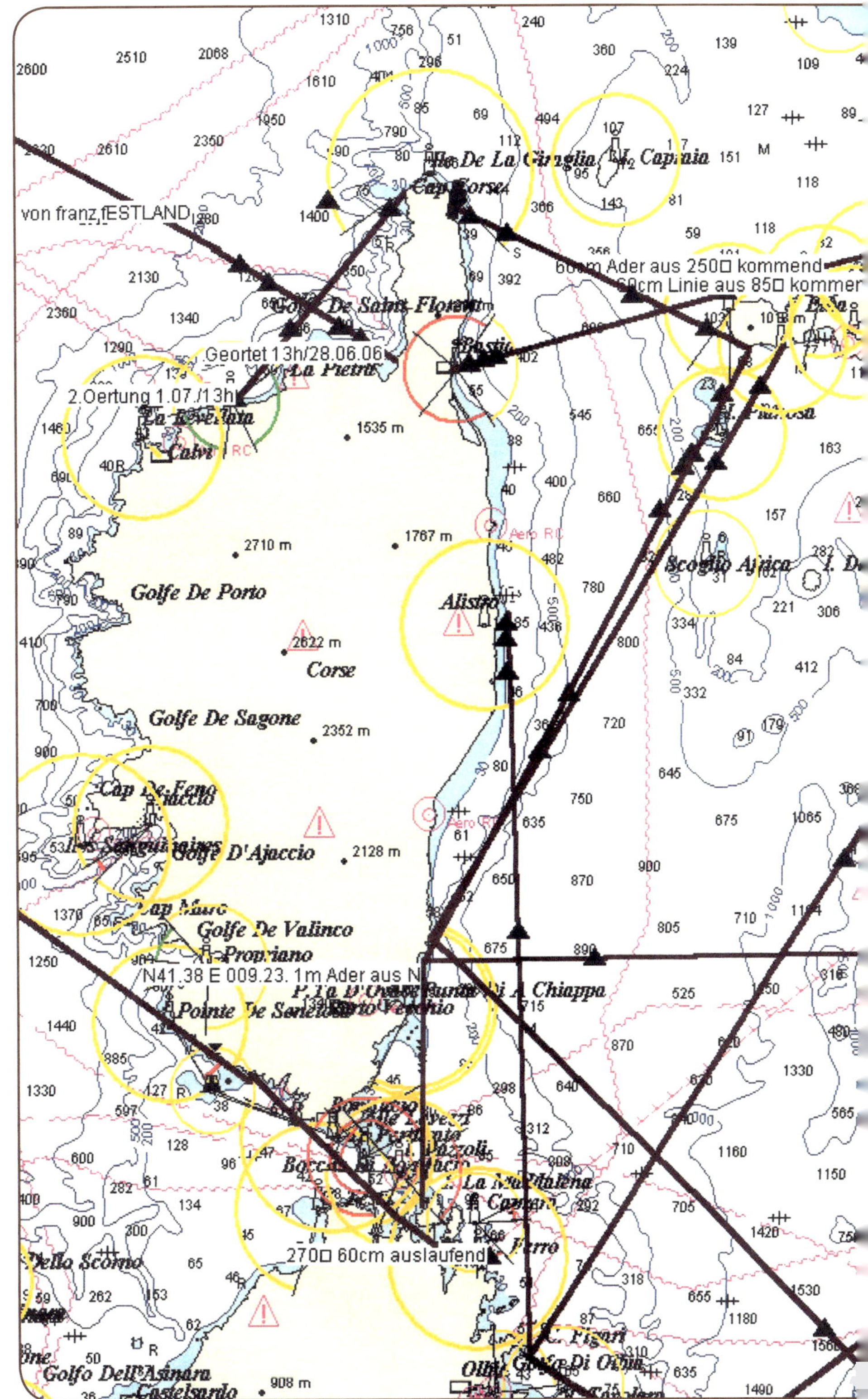

Abb.72

Adernkarte Bonifacio/
Sardinien

Abb. 73
Isola Passero

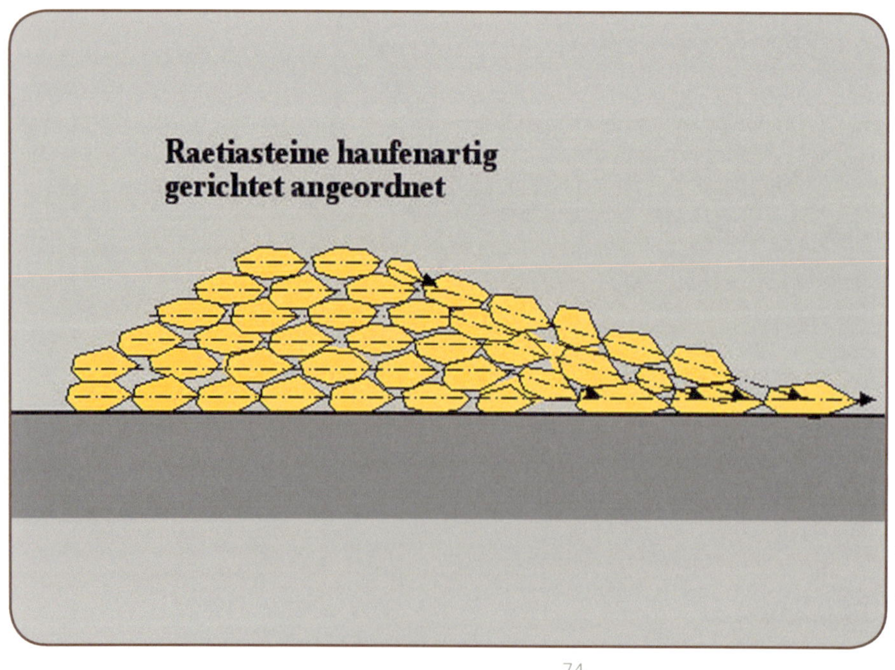

Raetiasteine haufenartig
gerichtet angeordnet

Abb. 74

Haufenweise Verlegung

Stones in piles

Abb. 75

Haufenweise Steinverlegung
in Grotten

Stones in piles in caves

Abb. 76

Navigationsadern in Wegen

Navigationveins in roads

Abb. 77

Am Slip Manoel - Werft

On the slip Manoel - shipyard

Abb. 78

Steinrillen Malta

Stonegutters Malta

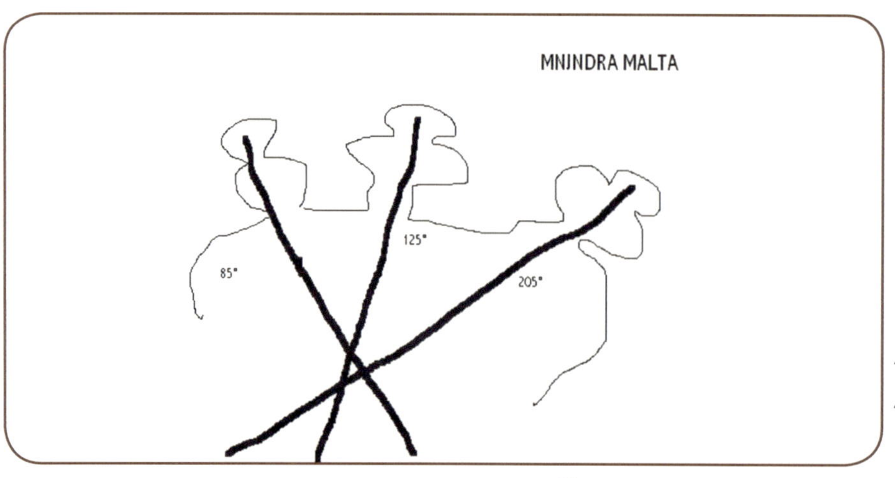

Abb. 79

Adernlinien Tempel Mnajdra

Vein lines temple Mnajndra

Nach Abschluss unserer ersten, sehr erfolgreich verlaufenen radiästhetischen Forschungsfahrt von Korfu nach Malta ging es an die Arbeit. Das Schiff wurde in der Manoel Shipyard aus dem Wasser an Land geslippt, das Unterwasserschiff neu gestrichen, das ganz Schiff poliert und diverse Reparaturen durchgeführt. (Abb. 77)

Nach Abschluss dieser jährlich notwendigen Wartungsarbeiten ging es mit dem Leihwagen zu den überaus schönen prähistorischen Megalithstätten Maltas.

Bei der Grotte von Dar Galam, eine der ältesten Fundstätten Maltas, fand ich auch sogenannte Ruts (Rillen) direkt vor dem dortigen Museum. Diese auf Malta noch öfters gefundenen Steinrillen sind bis heute unerklärlich und werden simpel als vermutlich durch Eselkarren eingegrabene Rillen erklärt. (Abb. 78)

Übrigens finden sich die gleichen Steinrillen auch in Donegal/Irland und führen auf den Atlantik hinaus in Richtung amerikanische Ostküste.

Auffallend für mich war nur, dass diese einfachen 20 x 20 cm Felsrillen in 100 cm bis 140 cm Breite noch teilweise mit aktiven Steinen gefüllt waren und eindeutig eine Adernbahn in 205° aussandten.

Weiter ging es an die Südküste nach Hagar Quim und Mnajdra. In Hagar Quim, einem wunderschönen Kultplatz, welcher auf 3600 BC datiert ist, konnte ich neben vielen Adern, die für uns Seefahrer wichtigen, herauspendeln

After very successfully completing our first exploratory radiesthetic voyage from Corfu to Malta the next thing we had to do was put in some work. Dry docked at Manoel, the ship was painted afresh on the underside, entirely polished and various repairs were made.

Once the yearly maintenance work was accomplished, we set off in a rental car to visit the exceedingly beautiful prehistoric megalithic sites of Malta. At one of Malta's oldest sites, the grotto of Dar Galam, I discovered more so-called ruts right in front of the museum located there.

These ruts or grooves are often found on Malta and remain unexplained until today. They are simply explained as possibly having been created by donkey cart wheels which cut into the rock over centuries, caused by the weight of transporting stones. Incidentally, we find the same ruts in Donegal, Ireland, where they lead right out towards the Atlantic in the direction of America's east coast. What struck me was that these simple ruts, 20 by 20 centimetres wide and deep and 100 to 140 centimetres apart, were still partly filled with active stones clearly emitting rays from a radiation vein towards 205°.

On we went towards the south coast to Hagar Quim and Mnajdra. At Hagar Quim, there is a very beautiful cult site dating from around 3,600 BC. Among the many radiation veins by dowsing I was able to find the distinct ones that matter to us sailors: first one 40 cm

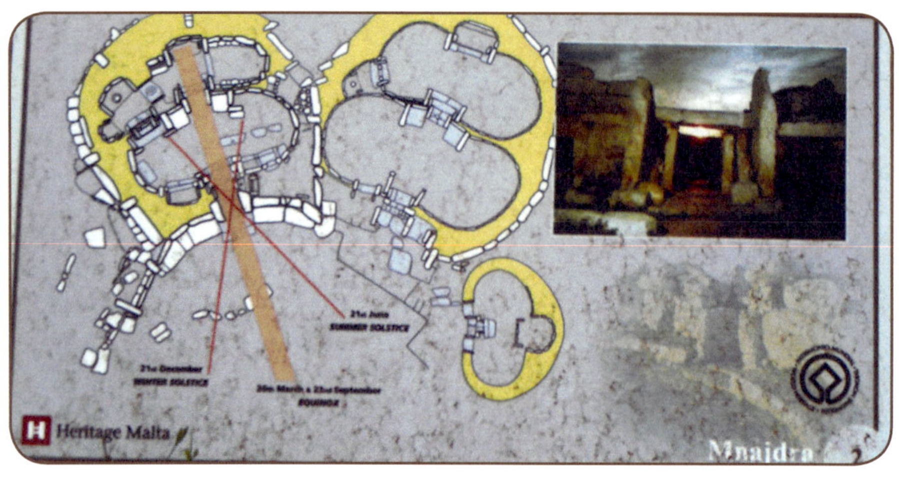

Abb. 80

Kultplatz Mnajdra

Cult site Mnajndra

Abb. 81

Haupttempel Mnajdra

The main temple at Mnajndra

Abb. 82

Tempelanlage von Hagar Quim - 300° Linie

The temple complex of Hagar Quim - 300° line

und zwar auf 125°/ 40 cm aus dem südöstlichen Eingang eine sonderbare 1 m Ader 300° ausgerichtet, sowie eine 40 cm auf 315° ausgerichtet. In der nur knapp einen halben Kilometer unterhalb von Hagar Quim gelegenen 3-blättrig angelegten Stätte Mnajdra, nahe den Klippen, gegenüber der Felsinsel Fifla gelegen, konnte ich schöne Adernstraßen aus den Eingängen laufend, messen. Der linke und größte Raum, welcher zur Sommersonnenwende genau durchleuchtet wird, strahlt auf 85° mit 1 m Breite (damals wahrscheinlich 90°).

Der mittlere Raum strahlt auf 125° nach Cap Spathi auf Kreta und der rechts liegende, angeblich etwas ältere und höhere gelegene Kultraum, knapp an den Untiefen der Insel Fifla vorbei auf 205° gerade weit übers Meer Richtung Zuwarah/Libyen nahe Tripolis hin. (Abb. 80 - 82)

Mosta

Ein sehr interessanter und äußerst kräftiger Adernstern befindet sich genau im Zentrum der drittgrößten europäischen Kirchenkuppel von Mosta, unter einem schönen kompassmäßigen Mosaik gelegen. Die 8 in den Hauptrichtungen gebauten apsideartigen Nebenräume des Kuppeldomes sind auch die Richtungen der Adern. Hier sind die Hauptrichtungen eindeutig 1 m, die 1/8 Richtungen NO, SO, SW, NW 60 cm. Auffallend ist allerdings, dass der Nord-Südstrahl um 9° vom heutigen mag. Nordpol West abweicht. Nach den Forschungen der Potsdamer Universität war diese mag. Missweisung vor ca. 3900 – 4100 BC. (Abb. 110)

Am Montag, dem 1. 5., liefen wir von La Valletta Richtung Gozo, der Nebeninsel Maltas, aus

wide coming from the south-eastern entrance at 125°, and a strange 1m wide vein at 300° as well as a third one, again 40 cm wide at 315°. (See chart)

To the left, the largest room, which is illuminated by the sun's rays precisely during summer solstice, radiates 1m wide at 85° (originally probably at 90°). The middle room radiates at 125° towards Cape Spathi on Crete and the room to the right, situated higher than the other cult rooms and supposedly slightly older, radiates at 205°, just missing the shelf of the island Fifla, and continuing on over the sea towards Zuwarah, Libya, near Tripolis.

Mosta

A very interesting and extremely powerful radiation vein star formation is located at the centre of Europe's third largest church cupola, the dome of Mosta, right under a fine compass-like mosaic. The eight secondary rooms of the cupola - apsis-like - are arranged according to the direction of the radiation veins. Here the main directions are all 1m wide and the secondary directions, the so-called 1/8 th veins, in NE, SE, SW, NW directions are all 60 cm wide. What is striking, however, is that the north-south vein is off by 9° to the west of today's magnetic North Pole. According to research done by Potsdam University this magnetic deviation occurred approximately 3,900 to 4,100 years BC.

On Monday, the first of May, we set off from La Valetta towards Gozo, Malta's neighbouring island and moored there at the small and pretty ferry harbour to visit Victoria (Rabat), the capital with its beautiful cathedral and

Abb. 83

Der Dom von Mosta/Malta

The cathedral of Mosta in Malta

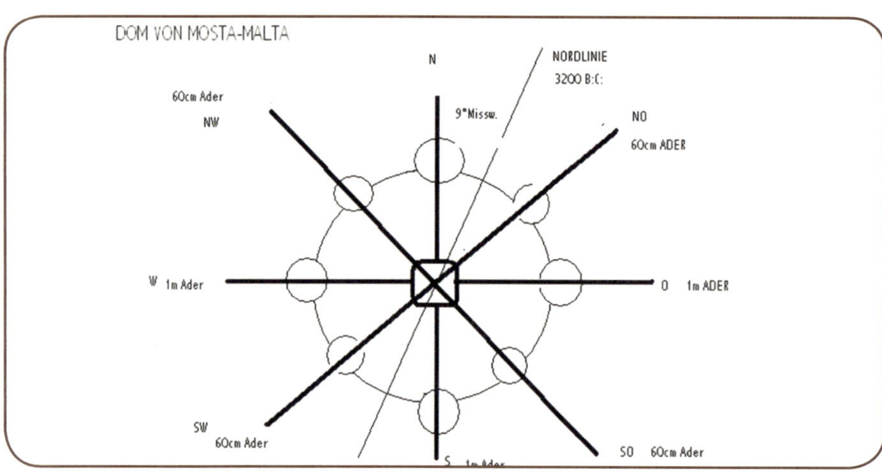

Abb. 84

Adernkreuz Dom von Mosta/Malta

Veincross cathedral Mosta Malta

Abb. 85

Tempel von Selinunt

Temple of selinunt

und machten dort in dem kleinen netten Fährhafen fest und besuchten Victoria (Rabat), die dortige Hauptstadt mit einem schönen Dom und Kastell. Dort konnte ich eine Linie von 60 cm aus Richtung Capo Passero muten sowie die drei Nord-, West- und Ost-1-m-Linien, aber keine Südlinie.

Dienstags ging es die lange Seestrecke von Malta direkt nach Porto di Empedocle mit frischem Ostwind und zunehmender Welle aus Ost. Auf diesem direkten Überfahrtskurs konnte ich keine direkte Navigationslinie feststellen, kreuzte dann aber kurz vor Erreichen Siziliens eine 1-metrige Linie, welche aus Osten kam. Nahe am Kap von Licata querten wir dann eine aus NW laufende 60 cm-Linie, welche auf die Bucht von Melfi hinlief. In Porto di Empedocle, einem eher hässlichen Industriehafen, hielten wir uns nur eine Nacht zum Ausrasten auf, dann ging es hurtig in einem Stück bis Marsalla. Oststurm Stärke 8 war vorhergesagt, also hieß es schnell an die Westseite Siziliens zu kommen. Mit Rauschefahrt unter Spinnaker ging es der Südküste entlang, bis der Wind zu stark wurde und wir wieder auf normale Besegelung zurückgehen mussten. Am Cap Roselli konnte ich eindeutig einen Adernstern mit allen auf See laufenden Hauptadern messen. Querab der Bucht von Selinunt und der dort befindlichen großen Tempelanlage aus der Zeit 300 v. C. konnte ich dann den bereits auf der Überfahrt von Sizilien nach Malta quer ankommenden Leitstrahl klar ausmessen und alle anderen 12 Hauptlinien der Kompassrose.

Also musste ich nach Selinunt.

Kaum in Marsalla angekommen, bei aufkommenden Sturm sicher im Hafen liegend, orga-

Abb.86

Tempel A, Selinunt

Selinunt

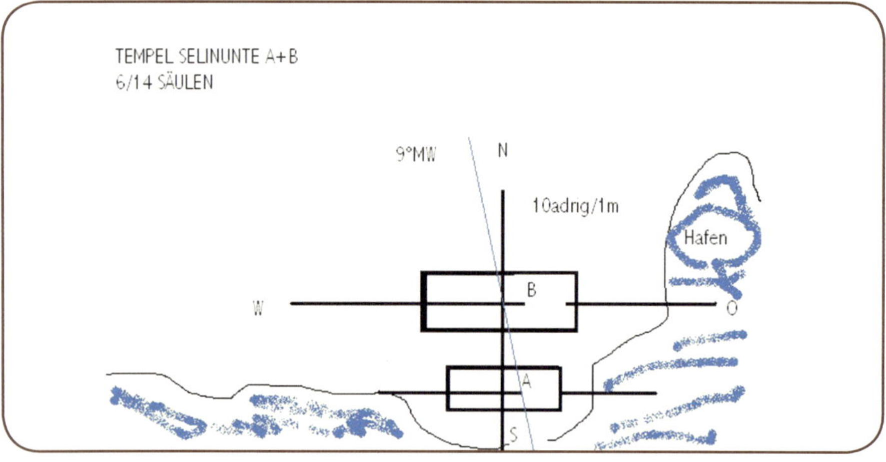

Abb. 87

Tempelanlage

Temples

Abb. 88

Nordtempel

North temple

nisierten wir einen Leihwagen und tags darauf fuhren wir nach Selinunt.

Diese große, sehr beeindruckende Stadt mit damals 170.000 Einwohnern war leider durch italienische Schulausflügler in Massen überbevölkert und dadurch so laut, dass eine konzentrierte Arbeit schwierig war.

Auf der Tempelanlage A, der ältesten im Ostteil, nahe dem damaligen Hafen liegend, konnte rasch der bereits von See aus gemessene Adernstern verifiziert werden. Die Peilungen deckten sich haargenau mit den bereits 150 SM entfernt gemessenen. Immer wieder erstaunte mich die Präzision der angelegten Adernlinien. (Abb. 85 - 88/110)

Von Selinunt aus fuhren wir nach Monreale bei Palermo, um den schönsten Dom, welchen ich kenne, zu besichtigen. Ich war schon dreimal in meinem Leben dort, aber immer wieder beeindruckt mich dieser kraftvolle Ort.

Auf dem Rückweg besuchten wir noch die Tempelanlage von Segesta, welche sehr schön über dem Golfo di Castellamare liegt, aber keinerlei Adern aufweist. (Abb. 90)

Die Aegidischen Inseln
mit neuen Entdeckungen

Am Donnerstag liefen wir Richtung Favigana, der Hauptinsel der Aegidischen Inseln, aus. Schon nach zweistündiger Fahrt erreichten wir den pittoresken Fischerort Ort Favigana.

Ungefähr 2 Seemeilen vor der Hafeneinfahrt fährt man entlang einer Steilküste mit einigen großen Höhlen und Grotten. Aus der größten Grotte konnte ich eindeutig 3 Strahlenbahnen messen, also war das Ziel für den nächsten

rental car and the next day headed to Selinunte. This large and very impressive town, which had 170,000 inhabitants in ancient times, was crowded with Italian school children on a school outing and therefore so noisy that it was hard to concentrate on work. At temple A, the oldest one lying to the east and near the former harbour, we quickly located the star formation which we had already measured from the sea. The bearings corresponded exactly with the ones we had measured 150 nautical miles away. Time and again, I was stunned by the precision of the layout of these radiation veins.

From Selinunte we drove to Monreale near Palermo to visit the most beautiful cathedral I know. Even though I have been there three times in my life, this powerful place impresses me every time. On our way back we also went to see the temple complex of Segesta, very beautifully situated above the Golfo di Castellamare. There were, however no radiation veins there whatsoever.

The aegadean isles and new discoveries
On Thursday, we sailed towards Favignana, the main island among the Aegadean Isles. After just two hours we reached the picturesque town of Favignana, known for its tuna fishermen.

For approximately 2 nautical miles prior to reaching the harbour we had passed along coastal cliffs with several large caves and grottos. I could clearly make out three radiation beams coming from the largest grotto so the next day's objective was already clear to us.

Abb. 89

Monreale

Abb. 90

Tempel von Segesta

The Temple of Segesta

Tag schon klar. Nach einem netten Abend mit frischem Thunfisch und schwerem sizilianischen Rotwein ging es bei beginnendem Regen mit dem Beiboot zurück auf das im Hafen vor Anker liegende Schiff. Am frühen Morgen fuhren wir zur Grotte und ankerten davor.

Nach einer schwierigen Anlandung mit dem Beiboot, es herrschte noch etwas Schwell an der steilen Felsküste, kletterte ich die 15 Höhenmeter hinauf und wurde gleich am Eingang von einem Schriftzeichen linksseitig der Höhle überrascht, welches ein Etruskisches H sein könnte.

Die Haupthöhle, welche ca. 25 m Höhe und 15 m Breite aufweist, teilt sich in insgesamt vier Nebenhöhlen auf, welche zwischen 15 m und 50 m tief sind. Die Haupthöhle wurde sichtbar, von Menschenhand vergrößert und bearbeitet. Die an den Seiten vorgefunden eingemeißelten Zeichen sowie Symbole sind großteils vom herabgestürzten Felsmaterial verschüttet. Die Steinquadern-Reihe in der Nähe des Einganges ist ebenfalls verschüttet und vom Steinschlag umgeworfen worden.

Aus der Haupthöhle sowie den Nebenhöhlen gehen starke Strahlenadern zum Ausgang in die Himmelsrichtungen 360°, 40°, 320° sowie 90°. Am Schnittpunkt dieser Adern ist das Kraftfeld so stark, dass ein längerer Aufenthalt an diesem Platz schädlich ist.

Ein unheimlich beeindruckender Ort mit einer extrem starken Ausstrahlung. Nach einiger Zeit musste ich leider die voll mit Vogelkot verschmutzte Höhle wegen Atemproblemen verlassen. Wir fuhren die Nordlinie entlang und gelangten genau an das Ostkap der Insel

After a pleasant evening with delicious tuna and heavy Sicilian red wine, we returned in the dinghy to our boat which was anchored in the harbour just as it was starting to rain. Early the next morning we headed for the grotto and anchored in front of it. The landing with the dinghy was difficult due to the swell near the steep cliffs. I managed to climb up the 15 metres and was surprised to find an inscription directly to the left of the cave's entrance; it depicted the Etruscan letter "H".

The main cave, 25 m high and 15 m wide, opens up into 4 further caves, between 15 and 50 metres deep. Quite visibly, the main cave has been enlarged and worked on by humans.

The engraved inscriptions and symbols we discovered on the sides of the cave were mostly buried by fallen rocks as was stone slab wall near the entrance, having been knocked down by a rock slide.

Strong radiation veins emerge from both the main cave as well as the side caves towards the exit, heading in the directions 360°, 40°, 320° as well as 90°. The power field at the point of intersection of these veins is so strong that it would be harmful to stay here for long.

An incredibly impressive place with very strong radiation! Unfortunately after a while, due to respiratory problems, I had to leave the cave which was sullied with bird-droppings.

We followed the vein pointing north and reached the exact eastern cape of the island of Levanza, sailed around it and on to the island Marettimo. It is remarkable that the navigation veins coming from the cave complex run exactly as follows: 360° - 1m wide

Abb. 91

Grotte Favigana

Cave of Favigana

Abb. 92

Schriftzeichen

Letter

Abb. 93

Grotteneingang

Entrance to cave

Abb. 94

Symbol im Steinquader

Symbol in stonewall

Abb. 95

Steinquadern mit Schriftzeichen

Stone slabs with inscriptions

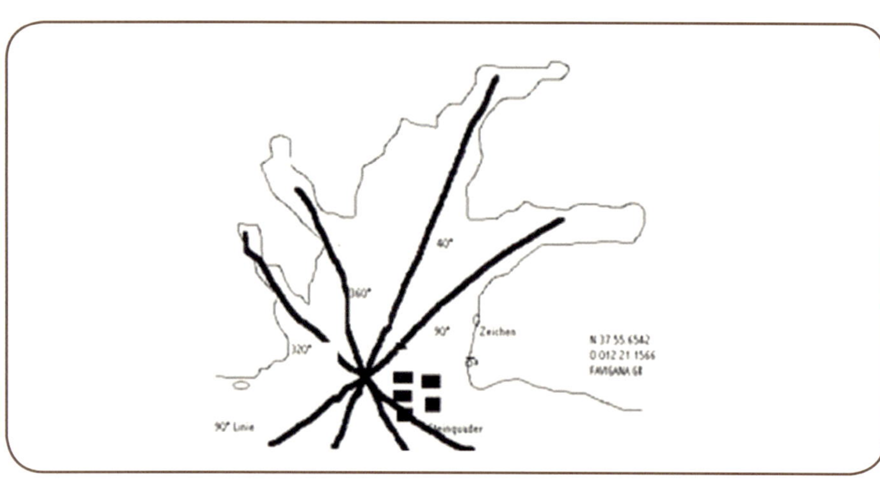

Abb. 96

Strahlenbahnen
Höhle Favigana

Powerveins
Cave of Favigana

Levanza, umrundeten diese und segelten weiter nach der Insel Marettimo. Bemerkenswert ist, dass die aus dieser Höhlenanlage laufenden Navigationslinien folgendermaßen verlaufen: 360° – 1 m Ader auf die Insel Levanza und weiter nach Rom und zwar zur Tibermündung bei Ostia!

Die 90°-Linie läuft genau nach Sizilien nach San Theodoro, die 320°-Linie auf Punta da Nera bei Orosei in Sardinien zu sowie die 40°-Linie genau zwischen den beiden kleinen Inseln Maraone und Formica durch auf die Insel Ustica zu.

All diese Navigationslinien machen seemännisch sehr viel Sinn. (Abb. 91-96/110)

Auf dem Weg nach Sardinien

Am Sonntag, dem 7. Mai, liefen wir von unserem Ankerplatz in der Cala Bianca auf der Westseite Marettimos um 8 Uhr aus und erreichten schon nach 20 min. eine starke 60-cm-Ader mit Kurs 300° genau auf das Cap Carbonara/Sardinien zulaufend.

Um 11 Uhr tauchte fast erwartungsgemäß eine Delphinschule sowie eine Schildkröte auf, ein junger Vogel landete bald danach an Bord und begleitete uns einige Zeit. Um 17 Uhr auf N 38.31.690 O 10.51.860 tauchten zwei „Balene", ein Finnwal-Pärchen auf! Das ist erst das zweite Mal, dass wir im Mittelmeer Wale gesichtet haben.

Wir fuhren großteils der 135 SM (ca. 250 km) langen Seestrecke unter Segel bei angenehmen südwestlichen Winden um die 10 KN mit geringen Wellenhöhen. Abends schlief der Wind leider ein und wir mussten wieder die

vein towards the island of Levanza and on towards Rome, in fact right to the Tiber's estuary near Ostia! The 90° vein goes right to Sicily to San Theodoro, the 320° vein to Punta da Nera near Orosei on Sardinia and the 40° vein aims right between the two small islands of Maraone and Formica pointing exactly to the island of Ustica. Indeed, all these navigation veins make a lot of sense to a sailor!

The magnetic deviation in the Mediterranean from Gibraltar to eastern Turkey was approximately as follows:

On the way to Sardinia

On Sunday, May 7, we set out at 0800 am from our anchorage in the Cala Biance on Marettimo's west coast and after only 20 minutes reached a strong 60 cm vein heading straight for Cape Carbonara on Sardinia at 300°. When a pod of dolphins and a turtle appeared at 11 o'clock, we were hardly surprised. Soon, a young bird landed on board and accompanied us for some time. At five that evening, at N 38.31.690 - E 10.51.860 two whales showed up, in fact a fin whale couple! This was only the second time we have sighted whales in the Mediterranean.

We hoisted our sails and sailed for most of the 135 nautical miles (approximately 250 km) with pleasant south-westerly winds and only small waves at around 10 knots. Sadly the wind dropped that evening and we had to start our motors. At dawn, at 0600 o'clock we reached Capo Carbonara on Sardinia's south-

Abb. 97

*Ankerplatz Cabonara/
Sardinien*

Ancourage Carbonara/
Sardinia

Abb. 98

*Die gefundenen
Raetiasteine entlang
unserer Reiseroute von
Korfu nach Sardinien*

Raetia stones found along
during our route from
Corfu to Sardinia.

Abb. 99

Die Nuraghe von Cabonara

The Nuraghe of Carbonara

Motoren anwerfen und kamen um 6 Uhr im Morgengrauen am Capo Carbonara an der Südwestspitze Sardiniens an. Die Navigationslinien führten uns wieder einmal genau in eine sichere Anker- und Landungsbucht von Stagno Notteri, hinter dem Capo di Carbonara gelegen. Am Kap steht eine gut erhaltene Nuraghe, welche wir dann gleich untersuchten. Hier stieß ich gleich auf eine 125°-Ader, der Gegenkurs der 300°-Linie, welche uns hierher geleitet hat. Die 270°-Linie führt nach Sarroch in die Bucht von Cagliari in der Nähe Pulas, einer prähistorischen Ausgrabungsstätte. Die 180°-Linie direkt nach Ras Englehra in Tunesien, die 90°-Linie quer über das Thyrenische Meer nach Neapel. (Abb. 97 - 101)

Der zweite, schon sehr erfolgreiche Abschnitt meiner Forschungsfahrt war zu Ende. Im Juni 2006 geht es entlang der Sardischen und Korsischen Küste nach Südfrankreich in die Camargue. Für die weitere Zukunft ist geplant, diese Forschungsfahrt in den Atlantik hinaus, die Bretagne, nach England und Schottland, weiterzuführen und ein Seekartenwerk über diese perfekten Navigations-Adernlinien zu machen.

III. - V. Teil Forschungsfahrt Navigation Kraftlinien Juni 2006 bis Juli 2006

von Cagliari/Sardinien nach Port San Luis/ Rhone Delta

Am 1. 6. 2006 startete meine Frau, Freunde und ich wieder von Cagliari aus Richtung Sardinische Ostküste entlang nach Korsika und Elba. Aufgrund starken Mistral-Windes konnten

western tip. Once again, the navigation veins led us right to a safe anchorage in the bay of Stagno Notteri, behind the Capo Carbonara.
A well preserved Nuraghe [Sardinia's main archaeological monument: a sort of stone tower structure for defence] stands on the cape. We immediately set out to investigate. Here, I ran into a 125° vein, the redirection of the 300° vein which had brought us here. The 270° vein led to Sarroch in the bay of Cagliari near Pulas, a prehistoric archaeological excavation site; the 180° vein headed directly towards Ras Englehra in Tunisia, the 90° vein cut right across the Tyrrhenian Sea towards Naples.

The first, already very successful part of our exploratory voyage was over. In June 2006 we explored the coast of Sardinia and Corsica all the way to Southern France and the Camargue. For the future we plan to explore the Atlantic sides of Bretagne, England and Scotland and continue to create a sea chart of these perfect navigation radiation veins.

Travel log part III - V Radiesthetic sailing voyage along navigation radiation veins in june and july 2006

from Cagliari, Sardinia to Port San Luis on the Rohne Delta

On June 1, 2006 my wife, a few friends and I set out once again from Cagliari up the eastern Sardinian coast towards Corsica and Elba. Due to strong mistral winds we could only leave Cagliari after two days. Once we had circumnavigated Cape Carbonara, by now

Abb. 100

Modell einer 10-reihigen Adernstraßen-Verlegung

Model of a 10 radiation vein line arrangement

Abb. 101

Modell einer Steinverlegung

Model of stone arrangement

wir erst nach 2 Tagen aus Cagliari auslaufen. Nach Umrundung des mir schon sehr gut bekannten Capo Carbonara, konnte ich von dort aus eine Ader ausmachen, welche der Küste entlang nach Norden zeigte.

Die nächste Ortung konnte erst in Höhe von der Bucht von San Foxi unterhalb des Kaps von Punta I Ebbas gemessen werden. Von einer alten Nuraghe aus lief eine Adernlinie in Richtung 120°/1 m Breite nach der Isola di Ustica auslaufend. Kurz später bei Casa Mussedu wiederum eine in 110° laufende 60-cm-Linie genau in Richtung der Aeolischen Insel Alicudi hinauslaufend, und das mit einer erstaunlichen Präzision.

Beim Entlangsegeln der Ostküste in Höhe der Ortschaft La Caletta, bereits im Nordteil der Insel, konnte eine von der Festung Torrre di San Giovannu aus laufende, sehr kräftige Ader in Richtung 310° mit 1 m Breite bei der Position N 40.33.40/E 009.48.00 geortet werden, welche genau in die Bucht von Palermo zielt, sowie eine zweite kurz danach auf Position N 40.38.11/ E 009.46.65 in Richtung 55° genau zielend auf den Torri di Ladispolli am italienischen Festland. Die Genauigkeit der Adernlinien erstaunte immer wieder.

Inzwischen waren wir an der wunderschönen Küste zwischen Olbia und Costa Smeralda angekommen. Azurblaues Wasser mit smaragdfarbenen Küstenstreifen schimmert entlang der durch roten Granit geprägten Küste.

Beim Queren der großen Bucht von Olbia bzw. des Golfo di Aranci peilte ich zwei direkt von der kleinen Insel di Figarolo aus laufende kräftige Adern. Bei N 39.58.00.E 009.30.90 querten wir eine in 125° Südost laufende 45-cm-Ader,

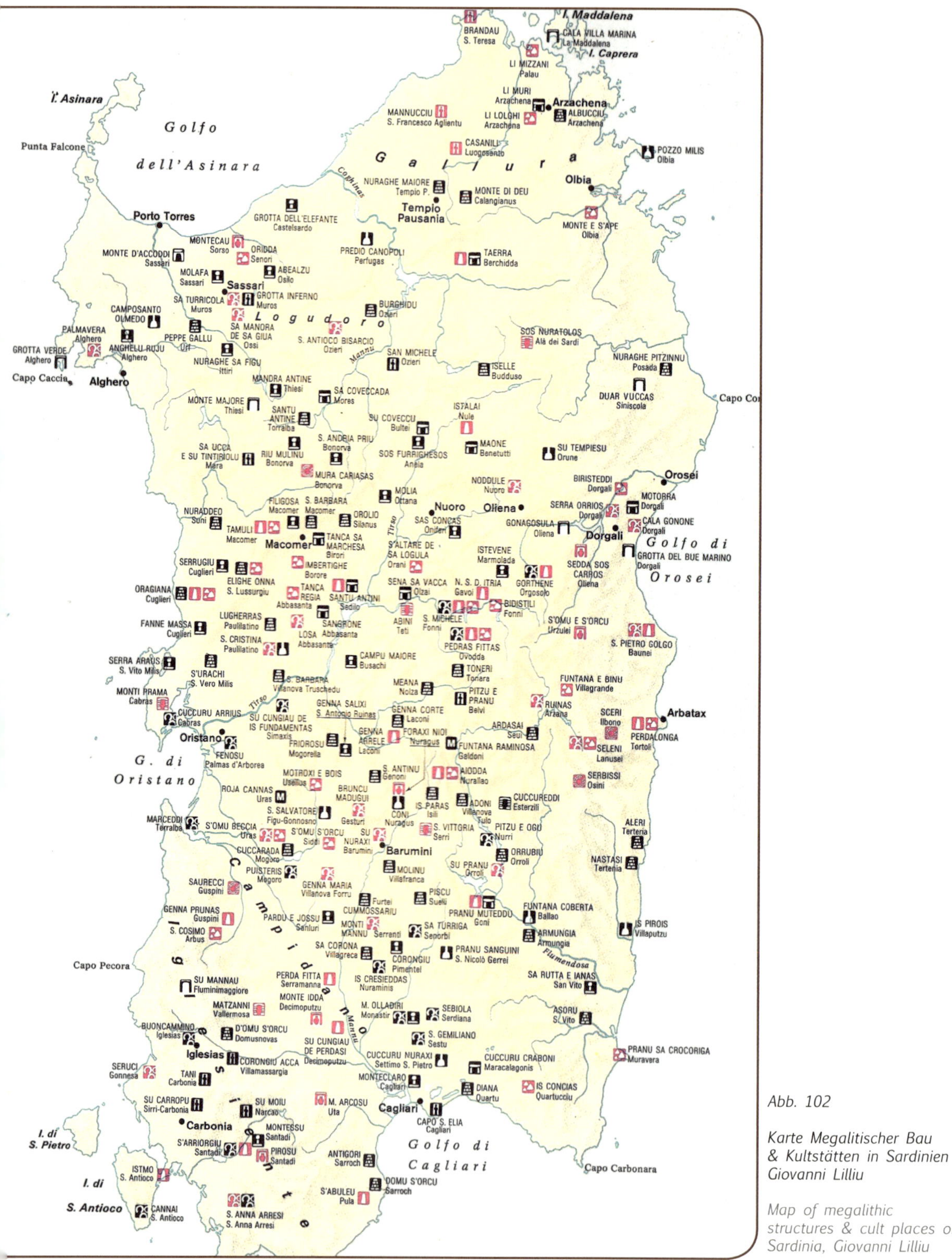

Abb. 102

Karte Megalitischer Bau & Kultstätten in Sardinien
Giovanni Lilliu

Map of megalithic structures & cult places of Sardinia, Giovanni Lilliu

welche genau auf die weit entfernte Aeolische Nordinsel Filicudi zuläuft. Die etwas später gepeilte Nordader, welche auf 35° Nord hinausläuft, reicht bis in die Bucht von Grosetto und Isola del Giglio hin. Nach Umrunden des mächtigen Kap von Figari maß ich eine sehr kräftige Nordader mit 1 m Breite auf das Kap zulaufend, also von Norden kommend.
Auf diesem Kap befindet sich auch die bekannte prähistorische Heilquelle von Pozo Millis.

Erst nach dem Umrunden des Nordostkaps von Sardinien und Einlaufen in die Straße von Bonifacio konnte ich querab des Capo Ferro in der Durchfahrt von Bisce eine aus genau West 270° auslaufende Ader von 1 m Breite messen. Diese Ader geht vom Capo del Orso aus und führt zwischen den Inseln sicher durch.
Vom Capo di Orso aus läuft dann eine kräftige Ader in 305° genau zwischen den Inseln San Stefano und dem Festland entlang auf die korsische Südküste hin auf das Kap de Feno zu. (Abb. 111)
Damit ist eine sichere Navigation durch die Inselwelt des küstennahen Archipels gewährleistet gewesen. Wir umsegelten den Magdalenen-Archipel bei rauhen Winden Richtung Norden und mussten bei 35 KN Nordost Sturm die Schutzbucht Punta di Rondinara zum Ankern anlaufen. Am nächsten Tag setzten wir Segel und weiter ging es in den Hafen von Porto Vecio.

Die Steinreihe von Palliagiu

Hier stand ein Tagesausflug per Leihwagen in Richtung Westküste zu den eindrucksvollen Menhirreihen von Palliagiu und Sentosa

The stonerow of Palliagiu

Abb. 103

Cap Orso bei 30 Kn Wind achterlich

Capo di Orso with 30 kn winds running downwind

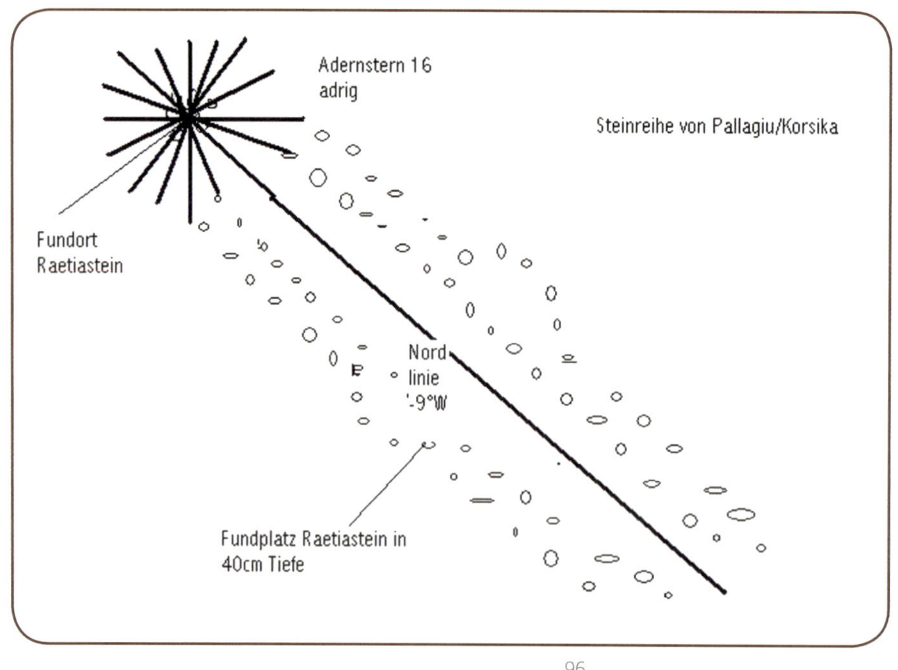

Abb. 104

Steinreihe von Palliagiu

Stonerow of Palliagiu

am Programm. Erstmals in diesem Jahr über-raschte uns eine Hitzewelle von 42° C an der Westküste. Der Anmarsch durch die glühende Macchie zu der Steinreihe von Palliagiu war sehr anstrengend und staubig. Es konnte rasch ein Adernstern mit 16 Adern am Anfang der Steinreihe ausgemacht werden. Die Steinreihe weist genau eine Missweisung zum heutigen magnetischen Nordpol von - 9° West.

Im Mittelmeer waren die mag. Abweichungen von Gibraltar bis Osttürkei ca.

3000 - 3800	BC	~+ 10°W
3900 - 4100	BC	~- 9°W
4100 - 4700	BC	~+ 9°W
4800 - 5000	BC	~ + 9°W
		Westmittelmeer
		- 9°O
		Ostmittelmeer

Daher dürfte dieser Kultplatz ca. um 3800 - 4100 BC erbaut worden sein.
Als ich die Steinreihe beim Ausmessen entlang-schritt, fühlte ich bei der ostseitigen Ausbuch-tung der Steinreihe mehrere Adern auslaufen. Nach etwas mühsamer Grabungsarbeit, der Boden war extrem hart und ausgetrocknet, konnte ich unter dem umgefallenen Menhir in etwa 30 cm Tiefe den ersten Raetiastein finden. (Abb. 104 - 110)
Welch eine Überraschung, dieser Raetiastein war V-förmig bearbeitet und strahlte in zwei Richtungen. Nach genauer Untersuchung kam ich zu folgendem Ergebnis.

Dieser kraftvolle Raetiastein strahlte genau in einem 70°-Winkel aus und weist in der Mitte

of stones. The stone row features a deviation of exactly - 9° west to today's magnetic North Pole.

The magnetic deviation in the Mediterranean from Gibraltar to eastern Turkey was approximately as follows:

3000 - 3800	*BC*	*~+ 10°W*
3900 - 4100	*BC*	*~- 9°W*
4100 - 4700	*BC*	*~+ 9°W*
4800 - 5000	*BC*	*~ + 9°W*
		Westmittelmeer
		- 9°O
		Ostmittelmeer

This indicates that this cult site was built around 3,800 to 4,100 BC.
As I strode down the stone row to measure it, I felt several veins running off at the eastern bulge of the stone row. The ground was extremely hard and dried up and after some quite strenuous digging I was able to find the first Raetia stone about 30 centimetres under the overturned menhir. What a surprise - this Raetia stone had been worked in a "V" shape and radiated in two directions! After further investigation I concluded the following:

This powerful Raetia stone radiates at a 70° angle and at the centre of the "V" contains a neutral zone. It would be highly interesting to undertake further digging here in order to discover the secret behind this new system, unknown to us.
On Wednesday, June 21st, we set out north from the harbour of Porto Vecchio towards Campolongo and on to Elba. Level with Punta

Abb. 105

Umgekippter Mittelstein
Adernstern Palliugiu

Fallen Middlestone Veinsta
Palliugiu

Abb. 106

Steinreihe aus Nord
gesehen

Stonerow seen from North

Abb. 107

Kompass in Peilung
entlang der vorhandenen
Steinreihe – 9° West

Compassdeviation of –
9° West alongside the
stonerow

Abb. 108

Doppelraetia Stein

Doubleraetia Stone

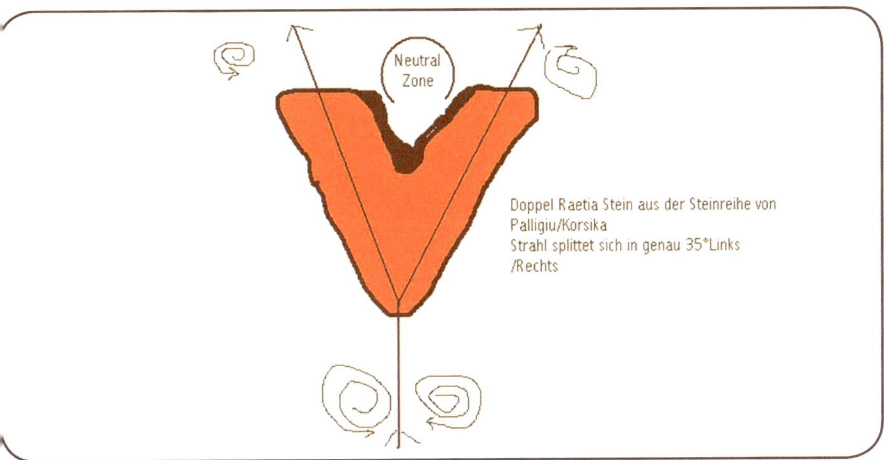

Abb. 109

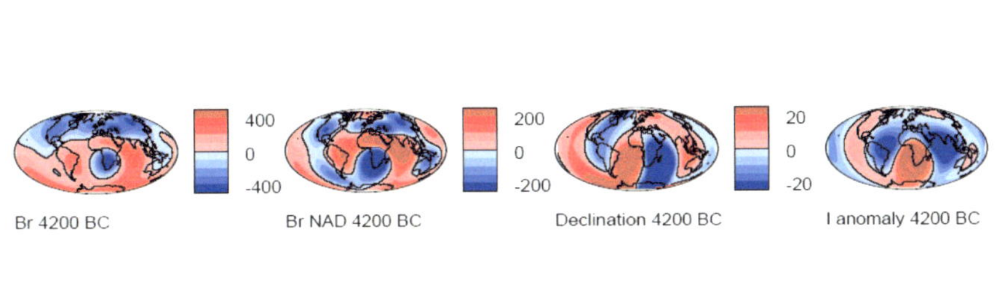

Abb. 110

*Magnetfeldabweichungen
Datensatz Dr. Monika Korte
Universität Potsdam*

*Magneticfield deviation
Dataset Dr. Monika Korte
University of Potsdam*

Abb. 111

Einfahrt in die Straße von Bonifacio

Entrance to the strait of Bonifacio

des V eine neutrale Zone aus. (Abb. 104/105) Am Mittwoch, dem 21. 06. liefen wir aus dem Hafen von Porto Vecchio aus Richtung Norden nach Campolongo und weiter nach Elba. In der Höhe von Punta Cappiciola trafen wir eine Südader mit 1 m Breite, welche von der nordwärts gelegenen Ile de Pirellu aus auf uns zukam. In Verlängerung dieser Linie gelangten wir sicher um die Untiefen bis in die Straße von Bonifacio hinein auf die Insel Maddalena. Eine weitere 1m Ader läuft Richtung Ostia am italienischen Festland und trifft sich dort genau mit der Ader, welche aus der entdeckten Grotte auf der Insel Favigana kommt. Das kann sicherlich kein Zufall sein, daher ist dieser Ort bei der nächsten Italienreise noch genau zu untersuchen.

Eine andere Ader läuft Richtung 50° Nordost hinaus und erreicht am Endpunkt die Bucht von Punta di Fentovaia auf der Insel Elba. Nach etwa 5 Seemeilen Entfernung segelt man am Turm von Punta di Fautea vorbei. Dort kreuzt man eine starke Ader, welche in Richtung Südost ausläuft und in den Golf von Palermo führt. Etwas später konnte ich eine Nordost laufende Ader von 60 cm Breite messen, welche in den schönen Golf von Porto Azzuro auf Elba läuft. Das Gebiet zwischen diesen beiden Adernsternen, der Golf von Pinarellu, war schon sehr früh besiedelt und ist eine sehr geschützte Bucht und sicherer Ankergrund. Interessant wäre es von korsischen Archäologen zu erfahren, ob hier bereits Siedlungen aus dieser Zeit gefunden wurden.

Unsere schöne Reise ging weiter quer über den Korsika-Kanal nach Elba. Hier kreuzten wir die Adern, welche wir schon vor zwei Tagen

Abb. 112

Punto da Fetovaia

Punta di Fetovaia

querab der Ile de Pirellu geortet hatten.

Ein schöner, aber sehr heißer Tag in dem sympathischen Hafen von Porto Ferraio mit ausnahmslos sehr freundlichen und lustigen Einheimischen, am Abend mit bestem Fisch im netten Restaurant „Il Gambero rosso", rundete den Besuch ab. Von hier aus umrundeten wir die Insel im Uhrzeigersinn ankerten noch zweimal an der Südküste zwischen Porto Azurro und dem Südwestkap, um von dort aus zurück nach Korsika zu segeln. Unser Plan war das Cape Corse zu umrunden, um nach Saint Florent zu segeln und dort die an der Westküste gelegenen Steinkreise nahe Punta Morella aufzusuchen.

Das Phänomen des Punto da Fetovaia auf Elbas Südküste

Am 27. Juli liefen meine Frau und ich um sieben Uhr morgens aus der schönen Ankerbucht Marina di Campo Richtung Korsika aus.

Gleich nach Umrunden des Capo di Poro am westlichen Eingang der Bucht von Marina di Campo gelegen, konnte ich eine Vielzahl von Adern aus Südwest kommend messen.

Nach genauer Überprüfung der Navigation am Kartenplotter sahen wir sofort, dass dieses „Strahlenbündel" genau aus der Bucht von Golfo di Pirellu auf Korsika aus kommt, welche wir vor einer Woche gekreuzt haben. Diese Strahlenstraße ging genau querab des Punto di Fetovaia. Gleich nach Umrunden des Kaps konnte eine aus Nordwest kommende Ader gemessen werden, welche aus der Richtung des Nordkap Korsikas, dem Punto di A Corsica in der Bucht von Macinaggio, auf uns zu kam.

clockwise and anchored twice on the southern coast between Porto Azzurro and the southwestern cape before sailing back to Corsica. Our goal was to sail around Cap Corse to reach Saint Florent and to visit the stone circles on the west coast near Punta Morella.

The phenomenon of Punta di Fetovaia on Elba's south coast

On July 27 my wife and I set out from our beautiful anchorage at Marina di Campo at 0700 in the morning towards Corsica. After sailing around the Capo di Poro, which lies on the western entrance to the bay of Marina di Campo, I measured numerous veins coming from the south-west.

After checking the navigation on the sea chart plotter we could see immediately that this bundle of veins originated precisely in the bay of Golfo di Pirellu on Corsica, where we had crossed a week before. This channel passed right by the Punta di Fetovaia, and right after circumnavigating the cape we could measure a vein from the north-west, coming towards us from the northern cape of Corsica, the Punto di Corscia, in the Bay of Maciaggio.

We changed our course to follow the vein and sailed on. Fog appeared. Visibility went from bad to worse and several freighters and ferries, aslant and behind us, crossed our path. Unfortunately our radar equipment had broken down two weeks before - the tube had burned out. We had to wait until reaching the south of France before buying new equipment, as we could only have it sent there from Germany. This was already the fourth foggy day in Sar-

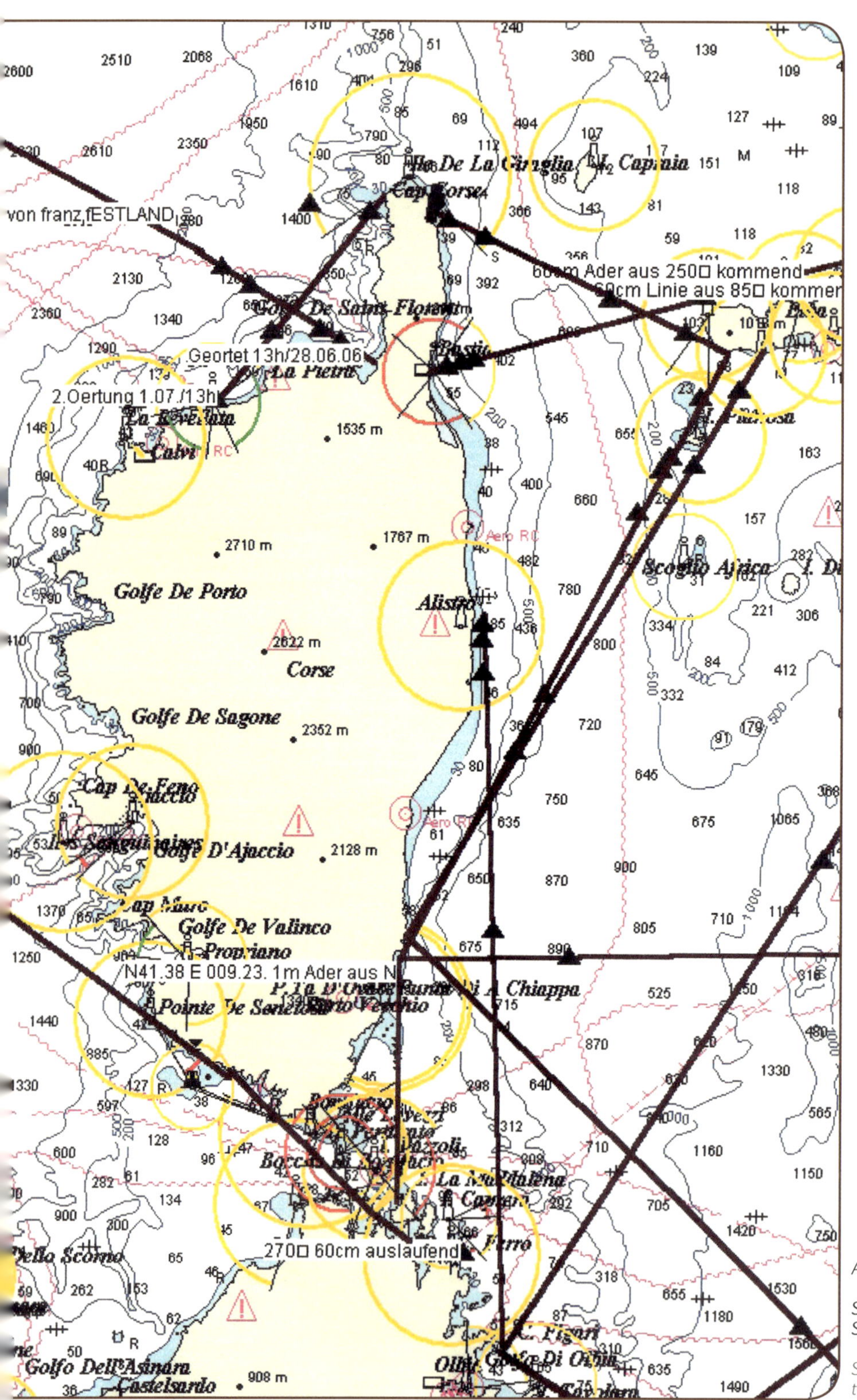

2600
2510
2068
1310
756
51
240
139
109
2350
2068
360
224
127
89
M
790
69
494
107
17
151
118
von franz. fESTLAND
Ile De La Giraglia
I. Capraia
118
Cap Corse
366
143
81
59
118
2130
Golfe De Saint-Florent
60cm Ader aus 250° kommend
60cm Linie aus 85° kommer
2360
1340
102
108 m
1290
Geortet 13h/28.06.06
Bastia
La Pietra
2.Oertung 1.07./13h
402
23
I. Pianosa
La Revellata
545
655
163
Calvi RC
1535 m
200
40 R
400
660
157
89
Aero RC
2710 m
1767 m
482
Scoglio Ajaca
I. D
Golfe De Porto
Alistro
780
800
334
306
2622 m
436
221
Corse
800
84
412
Golfe De Sagone
2352 m
720
91
179
Cap De Feno
Aiaccio
750
646
Iles Sanguinaires
Golfe D'Ajaccio
635
675
1065
2128 m
Aero RC
61
Cap Muro
650
870
900
Golfe De Valinco
675
710
1104
Propriano
890
805
1250
N41.38 E 009.23. 1m Ader aus N
Pointe De Senetosa
Punta Di A. Chiappa
525
Porto Vecchio
715
870
1330
1440
885
640
312
597
Bocca Di Bonifacio
710
1160
1150
128
I. La Maddalena
I. Caprera
705
1420
750
Della Scorna
655
1180
270° 60cm auslaufend
318
1530
Figari
Golfo Dell'Asinara
Olbia Golfo Di Olbia
635
1490
Castelsardo
908 m

Abb. 113

Seekarte Korsika und
Straße von Bonifacio

Sea chart of Corsica and
the Strait of Bonifacio

Wir legten unseren Kurs auf die Adernbahn und segelten weiter. Nebel kam auf, die Sicht wurde dramatisch schlechter und einige quer- und nachlaufende Frachter und Fährschiffe kreuzten unseren Kurs. Unser Radargerät hatte leider vor 14 Tagen den Geist aufgegeben, die Röhre war durchgebrannt. Wir mussten für den Kauf eines neuen Gerätes bis Südfrankreich warten, da wir uns erst dort wieder ein Gerät aus Deutschland senden lassen konnten. Dies war heuer bereits der vierte Nebeltag in Sardinien und Korsika und dies im Juni; schon ein eigenartiges Wetterjahr.

Bisher konnten wir auf der ganzen Forschungsfahrt noch nie eine „Strahlenstraße" von einer Breite von 3,5 Seemeilen (6,3 km) messen, einer Strahlenbahn, welche auch bei schlechtesten Witterungsverhältnissen nicht zu verlieren ist. Meine Vermutung ist, dass die beiden Adernsterne in der Bucht von Pirellu aus so gebündelt sind, dass sie trichterförmig auseinandergehen, oder aber es wurden auch dort die neu entdeckten V-Steine verwendet, welche in 60°–70° Winkel doppelt strahlen.

Der Kurs von 295° entlang der Adernstraße führte uns genau in die schöne Bucht von Machinaggio. Wir umrundeten das Norwestkap Korsikas und gingen wegen des Schwells aus Südost hinter dem Cap auf der Rade de St. Maria vor Anker. Nach Umrunden des Cape Corse konnte von Capo die Bianco eine Ader messen, welche aus dem Südwesten kam. Diese Ader kam genau von der schönen Halbinsel Ille de Rousse.

Weiter ging es in die Bucht von Saint Florent hinein, wo ich am 28. 06. gegen 13 Uhr eine sehr starke Ader querte, welche aus 300°,

dinia and Corsica during this voyage and that in June. Strange weather indeed this year!

To date, during our entire exploratory voyage, we had never measured a channel of veins as wide as 3.5 nautical miles (6.3 km) - a radiation channel that can't be lost even in the most dire weather conditions. My assumption is that the two vein star formations in the bay of Pirellu are bundled in such a way as to spread apart in the shape of a funnel. Or, the newly discovered V-stones were used here as well, radiating double from an angle of 60° to 70°. The course of 295° along this channel led us straight to the lovely bay of Machinaggio. We sailed around Corsica's north-west cape and due to the swell coming from south-east we anchored behind the cape at Rade de St. Maria. After we had circumnavigated Cape Corse I was able to measure a vein coming from the south-west near Capo di Bianco. This one came exactly from the beautiful peninsula Ile Rousse. On we sailed into the bay of Saint Florent, where on June 28th at about 1 pm I crossed a very strong vein coming from 300°, therefore coming from Cape Antibes on the mainland to the bay of Saint Florent. From Saint Florent I sailed down to Ile Rousse and around the cape there. The vein star formation was probably placed under the Nuraghe-style watch tower that is there today.

On Saturday July 1st we sailed from Ile Rousse on Corsica's west coast towards the Gulf of Saint Tropez. During this crossing of about 105 nautical miles no veins were discovered. Only later while sailing along the pretty coast of the Côte d'Azur did I measure a navigation

Abb. 114

Ile de Rousse

Ile Rousse

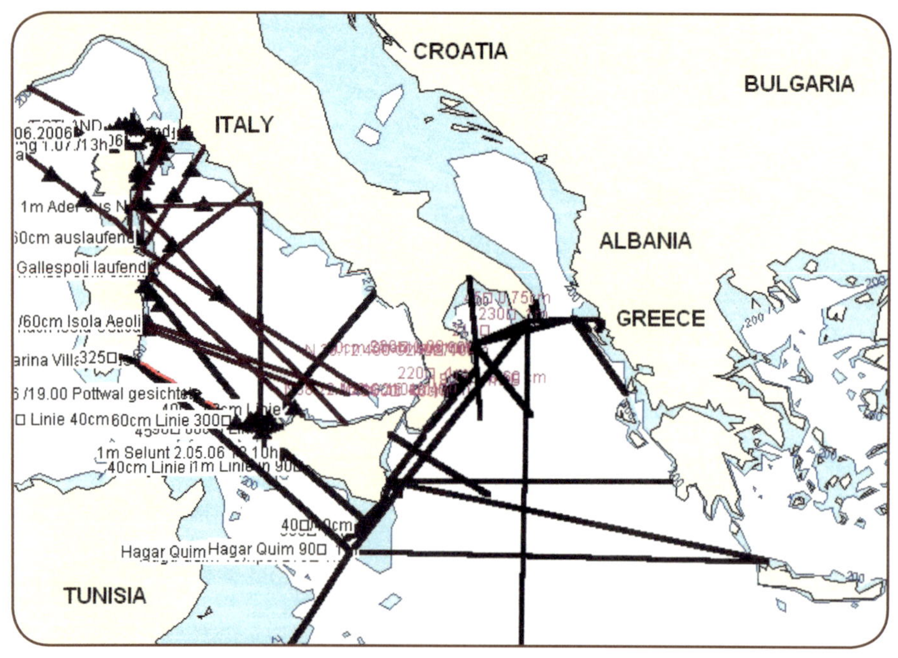

Abb. 115

Die auf dieser Forschungsfahrt ausgemessenen Navigations-Adern

The navigation veins that we measured during our sailing voyage also vom Cape Antibe am Festland aus in die Bucht von Saint Florent läuft. Von Saint Florent aus segelten wir noch nach Ile de Rousse hinunter und umkreiste das dortige Cap. Der Aderstern ist vermutlich unter dem heutigen nuraghen- artigen Wachturm angelegt worden. (Abb. 114)

Am Samstag, dem 1.7., segelten wir von der Ile de Rousse, an der Westküste Korsikas gelegen in Richtung Golf von Saint Tropez. Entlang dieser ca. 105 Seemeilen langen Überfahrt konnten keinerlei Adern gemessen werden, erst wieder beim Entlangsegeln an der schönen Küste der Côte d'Azur konnte ich bei der Durchfahrt zwischen Giens und der Insel Porquerolle eine vom Festland kommende Ader in Richtung 125° messen, welche erstaunlicherweise genau in die Bucht von Senetosa in Südwest Korsika führt, in welcher die größte Anhäufung an Steinkreisen und Steinreihen zu finden ist.
Bis zu unserem endgültigen Stopp in diesem Jahr, in der Marina Port de Napoleon im Rhonedelta, konnte ich beim Vorbeisegeln an der Rade de Marseille eine letzte Ader messen, welche aus der Richtung Menorcas heraufkam, diese war allerdings sehr schwach.

Nach 1377 Seemeilen und 65 Reisetagen, davon 45 Tage auf See, können wir nun schon auf einige neue Erfahrungen und Lehren aus der Vergangenheit hinweisen und wir hoffen, dass wir nun in Zusammenarbeit mit Archäologen, Physikern und Astronomen dieses unwahrscheinlich präzise System bald entschlüsseln werden können. (Abb. 115)

vein coming from the mainland in the direction of 125° at the passage between Giens and the island of Porquerolle. This astonishingly leads straight to the bay of Senetosa in the south-west of Corsica, where the largest concentration of stone circles and stone rows is to be found.

Until our final stop that year, in the marina Port de Napoleon in the Rhone delta, I found one last vein while sailing by the Rade de Marseille, coming from the direction of Menorca, but this one was very weak indeed. After 1,377 nautical miles and 65 days of travel - 45 spent at sea - we can already point out some very new discoveries as well as teachings from the past and hope that we will soon be able to decipher this incredibly precise system in cooperation with archaeologists, physicists and astronomers.

Abb. 116

Cap Creus

Abb. 117

Saintes Maries del la Mer

Forschungsfahrt VI. Teil -
Radiästhetische Segelreise im Mai und Juni 2007

Port Saint Luis du Rhone-Golf von Rosas/
Spanien - Balearen und Sardinien
790 Seemeilen in 6 Wochen

Am 9. Mai 2007 starten meine Frau und ich, nach langer und gründlicher Vorbereitung an unserem Segelschiff, bei stürmischem Wetter über den Golf du Lion in Richtung Süden.
Die erste Fahrt führte uns in den Golf von Saint Marie de la Mer, wo ich schon an Land einen starken Adernstern genau unter der schönen alten Kirche ausmessen konnte. Diese alte Kirche ist der heiligen Maria sowie Magdalena und deren Dienerin Sarah gewidmet, welche hier im Jahre 40 n. Christus in einem Schiff ohne Segel und Ruder gestrandet sein sollen, so die Überlieferung. Jährlich findet hier das große Zigeunertreffen und eine Wallfahrt zu Ehren dieses Anlasses statt. (Abb. 117)
Im Golf von Saint Marie konnte schon eine starke 10-strahlige Ader in Richtung 220° gemessen werden. Diese führt genau auf das Cap Creus zu bzw. in den Golf von Rosas.
Unserem Plan, am nächsten Morgen genau entlang dieser Adernlinie zu segeln, wurde leider durch einen starken Südwest-, dann Nordwest-Wind ein Strich durch die Rechnung gemacht. Wir mussten aufkreuzen und unter Land die geringere Wellenhöhe suchen.
Über Port de Vendres erreichten wir dann am 3. Tag das berüchtigte Cap Baer, wo ich eine starke Ader in Richtung 100° nach Sartene-Corsica auslaufend messen konnte. Beim

Travel log part VI -
Radiesthetic sailing voyage in may and june 2007

From Port Saint Luis du Rhone, France via the gulf of Rosas, Spain to the balearic islands and Sardinia
Distance: 790 nautical miles or 1,458 kilometres in six weeks

After long and intensive preparations on our sailboat, my wife and I set out heading south in stormy weather across the Gulf du Lion on May 9, 2007. The first leg of our trip led us to the Gulf of Sainte Marie de la Mer where, even on land, I could locate a strong vein star formation right under the beautiful old church. This old church is dedicated to Saint Mary and Saint Magdalena as well as her servant Sarah, who according to tradition, are supposed to have been stranded here in a boat without sail or rudder in the year 40 AD. Every year the large gypsy gathering and pilgrimage to commemorate this event takes place here. In the Gulf of Sainte Marie, a strong vein with 10 radiation lines heading towards 220° that led precisely to Cap de Creus in the gulf of Rosas could be measured. Our plan to sail right along this vein line the next morning was unfortunately made impossible by strong south-western winds that moved to the north-west. We were forced to beat to windward and find lower waves inshore. On our third day we reached the notorious Cap Baer via Port de Vendres. Here, I measured a strong vein heading towards Sartène on Corsica, direction 100°. While passing Cap Creus, a weather and

Abb. 118
Islas Hormigas

Passieren des Cap Creus, (Abb. 116) welches eine Wetter- und Windscheide darstellt, und Einsegeln in die Bucht von Rosas konnte ich folgende ausgehende Adern messen:

120°   Saintes Maries de la Mer
150°   Cap de Fer-Algerien
180°   Cap Formentor-Mallorca

Äußerst interessant ist, dass diese von mir festgestellte Kurslinien sich mit denen auf der Dulcert-Karte aus 1339 fast genau decken! Beim Passieren des Cabo de Castell konnte ebenfalls eine auslaufende Ader mit 1 m Breite in Richtung 95° nach Sartene-Kosika gemessen werden. Da die Winde günstig waren, machten wir an diesem Tag noch die Kraftanstrengung gleich weiter Richtung Barcelona zu segeln, da Schlechtwetter und ein extremes Tiefdruckgebiet im Anzug waren. Über das nächste Cap de Sebastian (Abb. 118) und dem bekannten Wettereck Palamos segelten wir dann nach Filiu de Guixols, einem für uns idealen Hafen, um Pause zu machen. Wir richteten uns im Hafen für drei Tage Pause ein und mieteten am zweiten Tag einen Leihwagen, um den Ausgangsort der Adernbahnen an Land zu finden.
Der erste Aufenthaltstag ging, so nebenbei bemerkt, mit folgenden Arbeiten müde zu Ende: Motorenservice, Öl- und Filterwechsel, Austausch eines defekten Keilriemens, Reinigung und Ausbau der Dieselvorfilter, welche durch "Dieselalgen" und Schmutz im getankten Diesel total verstopft waren. Meine Frau hatte Bordputz und drei Waschmaschinen und dies und das. Segeln besteht eben aus mehr.
Über die schöne Landstraße ging es Richtung

Abb. 119

Dolme von Creu de la Corbotena

Dolmen at Creu de la Corbentena

Abb. 120

Menhir von Cremada

The Menhir of Cremada

Rosas. Dort entschied ich mich Richtung Cap Norfeu zu fahren, da meist auf den Caps die Steinkreise angelegt worden sind.

Auf dem Weg dorthin fuhren wir auf einer Geländekuppe vor dem Cap direkt an einer Hinweistafel Dolmen von Cremada vorbei. Also nichts wie hin. Nach einer 20-minütigen Wanderung kommt man direkt bei gut erhaltenen Dolme von Creu de la Corbentena vorbei. Weiter führt der Weg auf eine Geländekuppe mit einem einzeln stehenden Menhir inmitten einer in vier Steinstufen angelegten ehemaligen Tempelanlage: der Menhir von
Cremada I, welcher vom Geologen Sig. Gestear entdeckt und zusammen mit Hilfe der Gemeinde Rosas wiederaufgestellt wurde. (Abb. 119 - 121)

Nach genauer Messung konnte ich Folgendes feststellen:
Der Menhir steht jetzt genau in Nord-Süd-Ausrichtung. In den Stufen wurden insgesamt neun andere kleinere Menhire liegend eingebaut. Es dürfte sich also ehemals um eine Steinkreisanlage mit zehn Menhiren gehandelt haben. Es befindet sich auf diesem stufenartigen Tempelgelände ein starker, verlegter Adernstern mit 10-adrigen Steinverlegungen in Richtung 180°–150°–40° – wie bereits vorher beschrieben.

Allerdings ergaben meine Messungen einen andern Platz für den wiedererrichteten Mittelstein, nämlich 6 m weiter nordwestlich als der jetzige Standort. Diese Anlage wurde im Jahre 1998 vom Geologen Sig. Gestear zusammen mit der Gemeinde von Rosas und dem catalanischen Landesarchäologen in einem möglichst originalen Zustand wiedererrichtet und auf die

Abb. 121

Cas Cremada Rosas Stufentempel

Cas Cremada Rosas Temple

Zeit um 4000 B.C datiert. Es handelt sich meiner Meinung um eines der vier Hauptkulturzentren dieser Zeit, und es ist interessanterweise wie alle anderen an sehr eisenhaltigen Plätzen angesiedelt, was die Vermutung nahelegt, dass bereits zu dieser Zeit Eisen verhüttet worden war. Auch die Navigationsstrahlen-Linien gehen meist zu sehr eisenhaltigen Gesteinsformationen nahe der Küste: Sartene, Cap de Fer (das Eisenkap), Cabo Norfeu (das Feuerkap). Von San Filiu de Guixols aus segelten wir dann nach Barcelona, wo wir einige Tage verweilten, um die moderne Stadt mit ihren vielen Sehenswürdigkeiten zu besichtigen.Am 4. Juni steckten wir unseren Kurs in Richtung Soller, an der Nordwestküste Mallorcas gelegen, ab und liefen frühmorgens aus.

Um 11.30 Uhr kreuzten wir die von Cabo di Castell auslaufende Ader aus 25° Nord, welche in Richtung Ibiza läuft. Ansonsten konnten auf dieser 100 Seemeilen langen Überfahrt keine Adern gemessen werden. Nach stürmischen Tagen in Soller mit über 50 Knoten (100 km/H) Wind segelten wir über die Westküste Mallorcas in Richtung Südküste, um von dort aus nach Menorca zu gelangen. Erst am Ostcap von Mallorca, dem Cao diel Freu, konnte erstmals wieder eine auslaufende Navigationsader in Richtung 340° mit 1,20 m Breite gemessen werden. Beim Überqueren des Menorcakanals konnten dann aus 355° auslaufend eine Ader vom Cap Formentor aus, sowie die extrem starke 10-fache 1 m breite Aderlinie aus Rosas in Richtung Cap Begur nach Algerien laufend gemessen und bestätigt werden. Die nächste Ader konnte an der Nordküste Menorcas, auslaufend vom Cap Teula (Eisen)

Abb. 123
Isola S. Pietro

220° (Bucht von Toulon) gemessen werden. Unser Zielpunkt, der Hafen von Mahon, wurde am 2. 6. erreicht und unsere Freunde verließen das Schiff, um nach Hause zu fliegen. Unser nächstes Ziel war die lange Seestrecke nach Sardinien zu besegeln und auszumessen. Nach Wetterberuhigung segelten meine Frau und ich am 5. Juni morgens aus Mahon Kurs 104° Richtung Südspitze Sardinien aus. Um 16 Uhr konnte auf der Position N 39.52.055/E 004.58.114 eine starke Ader aus Rosas auslaufend in Richtung Golfe de Skikda/Algerien gemessen werden. Bemerkenswert war dann eine aus Sardinien kommende Ader mit 10 x 1 m von der Isola San Pietro, genau auf unserer Kurslinie laufend, die aber erst ab der Position N 39.30 - E00 6.12. am 6.6. um zwei Uhr fünfzehn morgens gemessen werden konnte. Vorher war absolut nichts messbar gewesen. Nach einer langen Nacht mit Messungen im Zwanzigminutentakt und total müde in die aufgehende Sonne segelnd, kamen wir sicher und heil nach 200 Seemeilen (370 km) Fahrt um siebzehn Uhr nachmittags auf der Isola San Pietro an und gingen in der schönen Bucht von Giudi vor Anker, um uns auszuschlafen. In den nächsten Tagen bezogen wir unseren neuen Jahresliegeplatz in der Marina Sifredi in Carloforte, um von hier aus in der nächsten Zeit die Westküste Sardiniens und Korsikas zu besegeln und die dortigen Adernsterne genau zu vermessen. Bei einem Besuch am Cap Sandalo auf der Insel St.Pietro konnte ich zwar noch einen rudimentären Adernstern ausmessen, aber dieser wurde sicherlich durch die Bauarbeiten des Leuchtturmes zerstört bzw. aufgegraben. (Abb. 123 /124)

004.58.114 coming from Rosas towards the gulf of Skikda in Algeria.

Quite remarkably, we discovered a further vein coming from Sardinia with 10 x 1m from Isola San Pietro running exactly our course, but this one was only measurable as of position N 39.30-E 00 6.12., on June 6th at 2:15 in the morning. Prior to this position, absolutely nothing could be measured! After a long night of measuring every twenty minutes we sailed into the rising sun and finally arrived, exhausted but safe and sound, on the Isola San Pietro at five in the afternoon after this passage of 200 sea miles (370km). Here, we anchored in the lovely bay of Giudi to catch up on our sleep.

During the next couple of days we moved to the Sifredi marina in Carloforte. This was to be our new berth for this year. From here, in the near future, we plan to sail the west coast of Sardinia and Corsica and take exact measure of the vein star formations there. While visiting Cape Sandalo on the island of St. Pietro I was able to locate a further rudimentary vein star, but this one had surely been destroyed or dug up during construction for the lighthouse there.

Radiesthetic survey of churches in the alpine region

Just as Gerhard Pirchl has described in great detail in his book "Geheimnis Adernsterne" [Secrets of Vein Stars], I have also visited and surveyed some particularly interesting churches. The first time I understood the system of radiation veins and their identification by frescoes forming circles and crosses was when

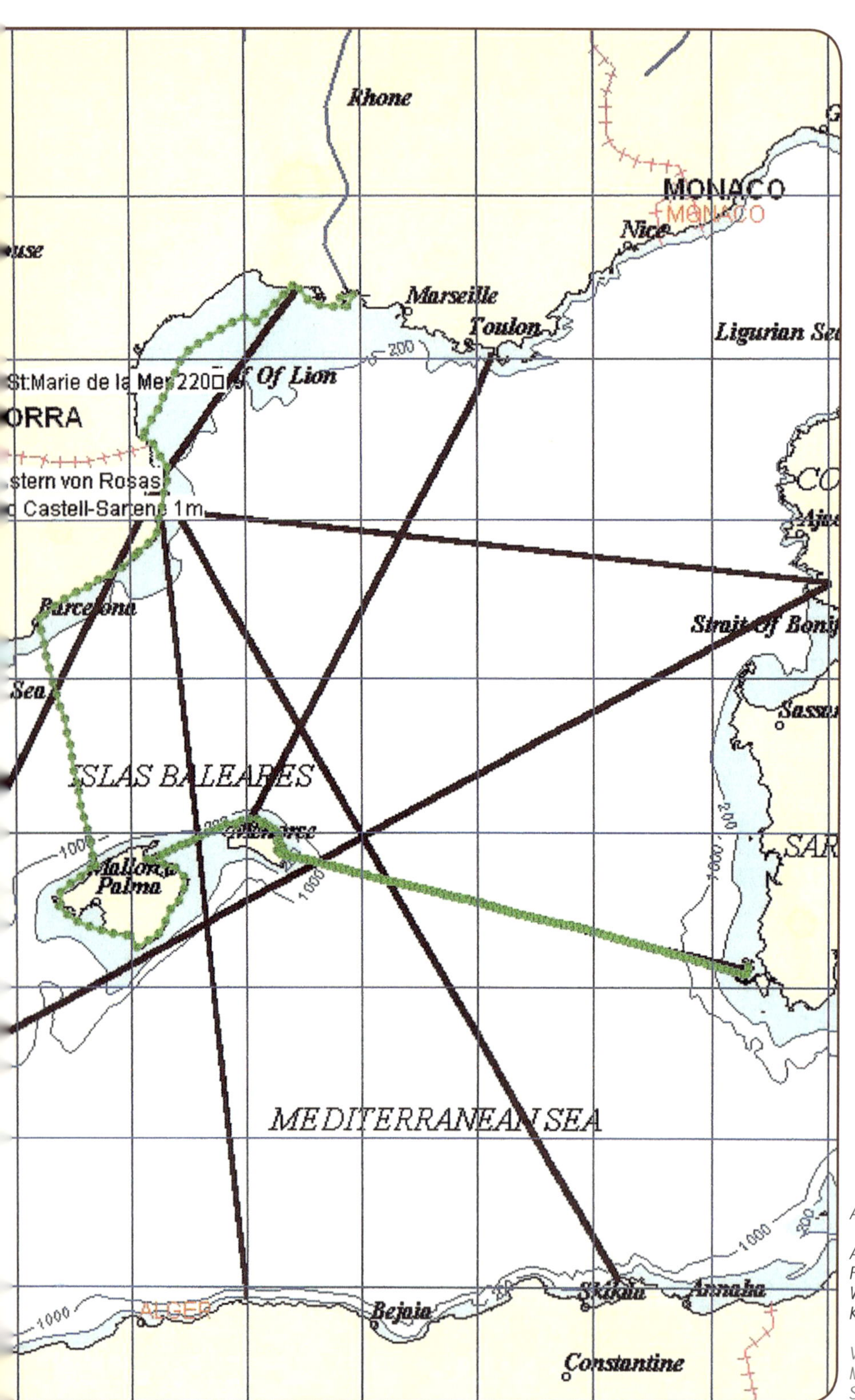

Abb. 124

Adernkarte der Forschungsfahrt Mittelmeer West – Grün = Kurslinie

Veinlines Research Sail Med West - Green = Sailingcourse

Im Juli 2007 ging es noch für eine weitere Forschungsfahrt nach Stockhom, um die schwedischen Steinkreise und Steinsetzungen an der Ostküste zu vermessen. Zu diesem Zwecke wird das von mir selbst konstruierte und in mühsamer Handarbeit gebaute Motorboot „Minerva", der Nachbau eines traditionellen Hafen-Schleppbootes aus Kalifornien, per Auto nach Stockholm gebracht und für das nächste Jahr dort eingestellt. Schließlich befinden sich an der schwedischen Ostküste die ältesten bekannten Steinkreise und Menhiranlagen Europas, und es ist anzunehmen, dass auch dort dieses wunderbare Navigations- und Orientierungssystem verlegt worden ist.

Radiästhetische Untersuchung von Kirchen im Alpenraum

Wie schon Gerhard Pirchl in seinem Buch „Geheimnis Adernsterne" ausführlich beschrieben hat, habe auch ich einige besonders interessante Kirchen untersucht. Das erste Mal hatte ich zusammen mit G. Pirchl die schöne Kirche von Flums/Schweiz besucht und dort das System der Adern und deren Bezeichnung durch Fresken in Kreis/Kreuzform begriffen. Ist der Mittelpunkt des Adernkreuzes ausgemalt, heißt, dass hier ein Kreuzungspunkt von Adern ist. Wie man auf diesem Bild gut erkennen kann, wurde sogar das Wappen des Stifters der Kirche, des Grafen von Monfort, einfach übermalt, um dort das scheinbar wichtigere Adernkreuz anzubringen. (Abb. 125) Laut Überlieferung wurde damals der Platz der neuen Kirche von einem Pendler ausgesucht und vermessen, dann wurde die Kirche so gebaut, dass sich die Adern genau unter oder vor

I visited the beautiful church in Flums, Switzerland, with G. Pirchl. If the centre of the vein cross is painted over, that is the exact cross point of the vein star. This picture clearly shows us that even the coat-of-arms of the church's sponsor, the duke of Monfort, was simply painted over to place the apparently more important vein cross there. According to tradition, the church's location was chosen and measured by a dowser with a pendulum at the time it was built and it was constructed so that the veins would intersect exactly underneath or in front of the altar. Before the church was blessed the dowser measured once more and marked the veins' exact position on the church walls before depicting them there permanently with frescoes.

St. Jacob's church - Nösslachjoch, municipality Gries a. Brenner, Tirol, Austria

This beautiful Romanesque church, standing exposed on the crest of a hill, is not only a small and very pretty church but also a particularly powerful site as six veins intersect in this building. Here, we very clearly see that the radiating veins entering the church from outside intersect in front of the altar and make up a "radiation-neutral" square. It is therefore probable that the altar's original place would have been situated within this square.

Abb. 125

Kirche von Flums/Schweiz

The church at Flums, Switzerland

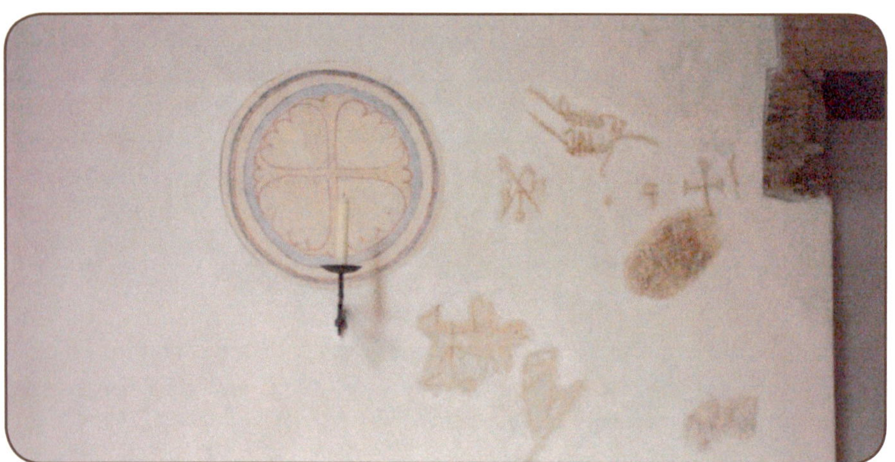

Abb. 126

Kirche Flums Adernkreuz

Vein crosses inside the church at Flums, Switzerland

Abb. 127

Kirche Flums/Schweiz Adernzeichen an der linken Kirchenschiffmauer

Vein signs on the left wall of the nave, church at Flums, Switzerland

Abb. 128
Kirche St. Jakob
Church St. Jacob

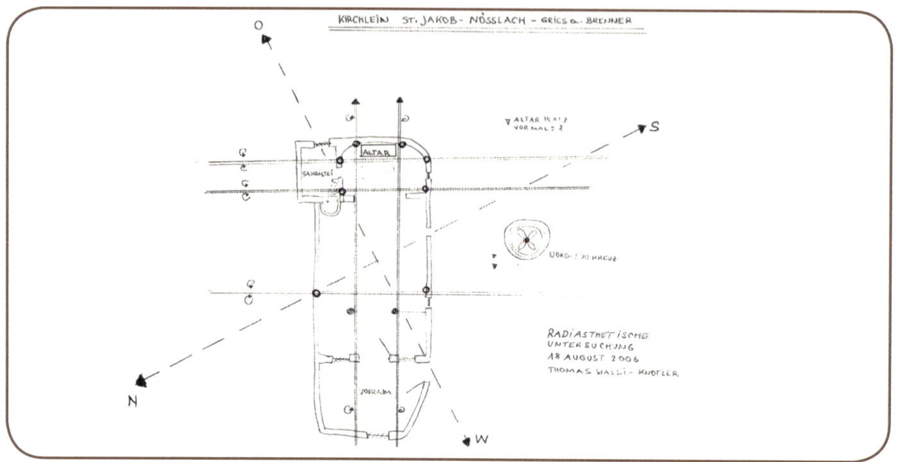

Abb. 129

Kraftlinien Kirche St. Jako

Powerveins through the church of St. Jacob

Abb. 130

Der schöne Innenraum der Kirche von St. Jakob-Nösslach

The beautiful interior of St. Jacob's Church – Nösslach, Tirol

Abb. 131

Seitliches vorderes Adernkreuz

The front lateral vein cross

dem Altar kreuzten. Vor Einweihung der Kirche wurde vom Pendler nochmals nachgemessen und die Adern genau an der Kirchenwand angezeichnet und mit einem Fresko bleibend dargestellt.

Kirche St. Jakob - Nösslachjoch - Gemeinde Gries a. Brenner/Tirol

Diese wunderschöne, romanische Kirche, exponiert auf einem Hügel stehend, ist nicht nur ein besonders schönes Kirchlein, sondern auch ein besonders kraftvoller Platz, denn es kreuzen sich in dieser Kirche sechs Adern.

Hier sieht man deutlich, dass sich die von außen in die Kirche eintretenden Strahlenadern vor dem Altar kreuzen und ein strahlungsneutrales Viereck bilden. Es ist daher wahrscheinlich, dass der ursprüngliche Platz des Altares sich innerhalb dieses Viereckes befunden hat. (Abb. 121 - 135)

Eigenschaften und Kräfte der Raetiasteine
Die innere Uhr der Raetiasteine

Jeder Raetiastein hat eine innere Atomuhr eingebaut, sein Kraftfeld umkreist den Stein in der Längsachse in 75 sec. Hält man einen Raetiastein in der Hand oder legt ihn auf die Tischkante und hält das Pendel unterhalb des Steines, egal auf welcher Seite, misst man ein Kraftfeld, welches linksdrehend um den Stein in genau 60 Sec. kreist und dann ein 15 Sec. dauerndes Fenster ohne Kraftauswirkung hat.

PHI

Interessant wäre auch noch der Nachweis, ob in dem Kraftfeld der Raetiasteine auch die magische Zahl PHI (nicht PI) 1,618, die soge-

Abb. 132

Adernkreuz-Fresko hinter
dem heutigen Altar

*Fresco of the vein cross
behind the altar today*

Abb. 133

Hinter Heiligenbild
verstecktes seitliches Nord
Süd-Adernkreuz

*The lateral north-south
vein cross, hidden behind
the painting of a saint*

Abb. 134

12-strahliger Adernstern
unter dem Dom von
Argues Mortes/
Camargue/Languedoc/
Frankreich

*12-pronged vein star
underneath the dome of
Argues Mortes, Camargue-
Languedoc, France*

Abb. 135

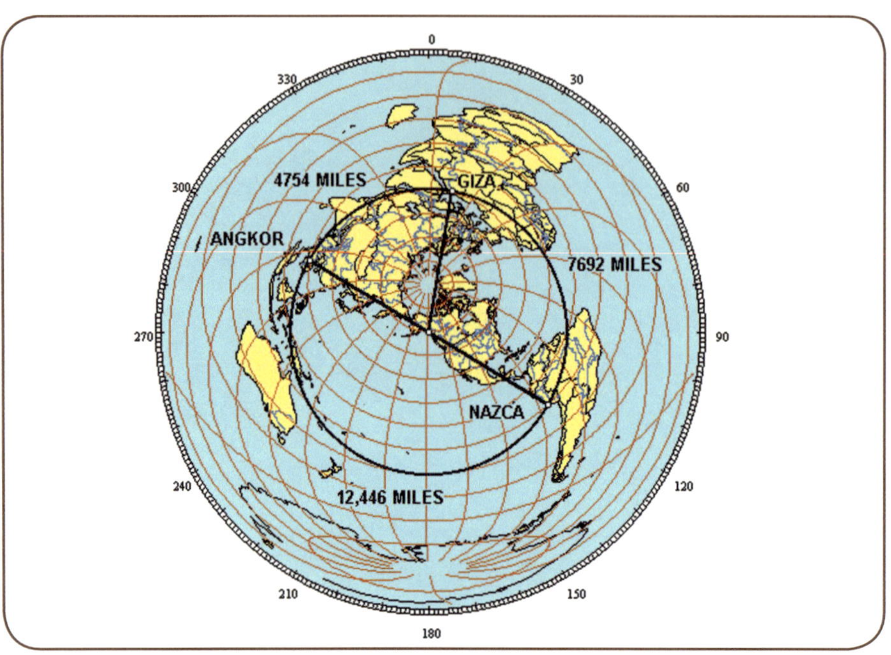

0
30
60
90
120
150
180
210
240
270
300
330
4754 MILES
GIZA
ANGKOR
7692 MILES
NAZCA
12,446 MILES

Abb. 136

Abstand der Kulturzentren

Distanz of the Cultcenters

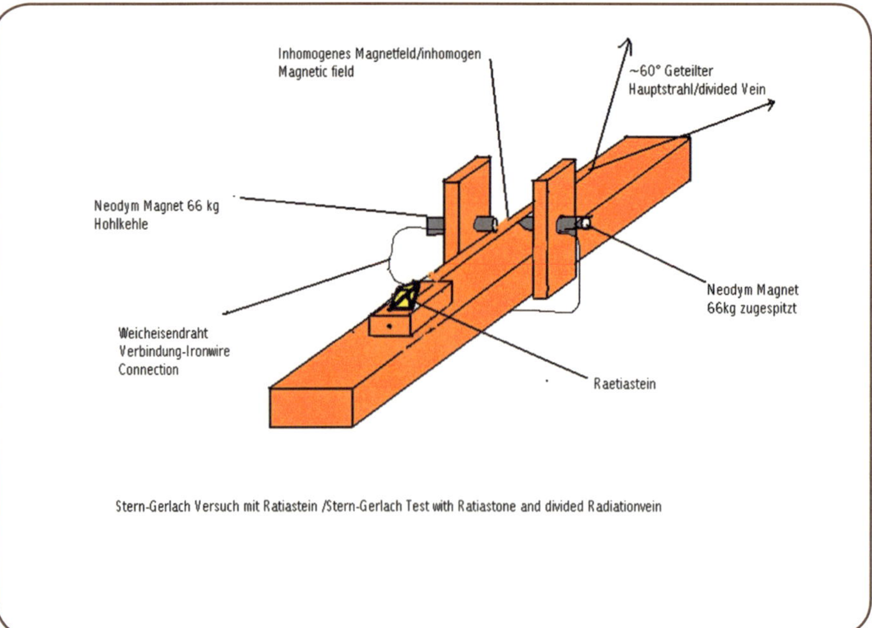

Inhomogenes Magnetfeld/inhomogen
Magnetic field
~60° Geteilter
Hauptstrahl/divided Vein
Neodym Magnet 66 kg
Hohlkehle
Neodym Magnet
66kg zugespitzt
Weicheisendraht
Verbindung-Ironwire
Connection
Raetiastein
Stern-Gerlach Versuch mit Ratiastein /Stern-Gerlach Test with Ratiastone and divided Radiationvein

Abb. 137

Rechtsdrehendes Kraftfeld
– Lecherantenne GL 8,18 –
Pendel antimagnetisch 8 cm

Dextrogyrated power field
– Lecher antenna GL 8.18 –
Antimagnetic pendulum 8 cm

nannte goldene Zahl oder der goldene Schnitt, welche in der Natur eine grundlegende Rolle spielt, vorzufinden ist. Pflanzen, Tiere und der Mensch weisen in ihrem Proportionen Maßverhältnisse auf, welche mit einem verblüffend genauen Wert PHI zu eins, also den Kehrwert von PHI, aufweisen.

Die Alten hatten das bereits erkannt und die Zahl PHI den goldenen Schnitt, welche der Schöpfer als Ordnungsmuster in die Welt gebracht hatte, genannt. Beispiele sind das bei manchen Bienenstaaten (die weiblichen Bienen überwiegen immer) weltweit das Verhältnis weiblicher zu männlicher Population genau 1,681 ergibt oder dass bei der Nautilus-Schnecke das Verhältnis des Durchmessers der einzelnen Spiralkammern zueinander genau PHI ist.

Oder beim Menschen Abstand der Schulter zur Fingerspitze geteilt durch die Länge des Armes von dem Ellbogen zur Fingerspitze = PHI, Hüfte zum Boden/Knie zum Boden = PHI, Da Vincis „Vitrus" (männl. Akt im Kreissegment) = PHI PHI ist in der Cheopspyramide, im Pantheon, in jedem griechischen Tempel, in Mozarts, Debussys, Schuberts, Bachs etc. etc. Werken verankert.

Besonders interessant ist auch, dass sich die Zahl PHI im Abstand der wichtigsten Kulturzentren der Welt wie Ur, Nacza, Ankor Wat, Pyramide von Gizeh spiegelt. (Abb. 136)

Das Stern-Gerlach-Experiment

Nachdem ich das interessante Buch „Einsteins Schleier" des Wiener Quantenphysikers Anton Zeilinger gelesen hatte, probierte ich, das von

hips to the ground ÷ knees to the ground = PHI. Da Vinci's "Vitrus" (male nude inscribed in a circular segment) = PHI. PHI is found in the Cheops pyramid, in the pantheon, in every Greek temple, in the works of Mozart, Debussy, Schubert, Bach etc. etc. Also, it is particularly interesting to find that PHI is equally reflected in the distance between the world's great cultural centres like Ur, Nacza, Ankor Wat and the pyramid of Gizeh.

The Stern-Gerlach experiment

After reading the interesting book "Einsteins Schleier" ("Einstein's Veil") by the Viennese quantum physicist, Prof. Anton Zeilinger, I attempted the Stern-Gerlach experiment he describes in the book.

The Stern-Gerlach experiment suggests that when a particle beam with a different spin travels through an inhomogeneous magnetic field, this spin is split into two beams.

I fastened two strong Neodym magnets of 66 kg draw to a wooden frame and placed a Raetia stone in front. And sure enough, I could measure a deviation of the beams of 25° to 60° behind the magnetic field with the pendulum, depending on the position. This result was of such importance to me that I immediately informed Mr. Pirchl and asked him to come by. A few days later we reassembled the small test station together and Pirchl was also able to clearly find the deviation in the Raetia stone's spin with the pendulum. Now we must track down these particles under precise laboratory conditions. This would prove that the Raetia stones emit particles and we would be closer to actually building a measuring device.

Abb. 138

Stern-Gerlach-Test am 11.
08. 06

*Stern-Gerlach test on
August 11, 2006*

Abb. 139

Test mit Herrn Pirchl/Walli
am 11. 08. 06 in Innsbruc
– starke, Abweichung des
Strahls nach rechts 60°

*Test with Mr. Pirchl and
Mr. Walli on August 11,
2006 in Innsbruck – Strong
deviation of the beam by
60° to the right*

ihm beschriebene Stern-Gerlach-Experiment aus. Das Stern-Gerlach-Experiment besagt, wenn ein Teilchenstrahl mit verschiedenem Spin (Drehung) durch ein inhomogenes Magnetfeld tritt, dieser Spin in zwei Strahlen aufgetrennt wird.

Ich montierte zwei starke Neodym-Magnete mit 66 kg Kraft in einem Holzrahmen und stellte einen Raetiastein davor. Tatsächlich kann man mit dem Pendel nach dem Magnetfeld eine Abweichung der Strahlenbahn von 25° bis 60° je nachdem wie das Magnetfeld angeordnet wird, feststellen.

Dieses Resultat war so enorm für mich, dass ich sofort Gerhard Pirchl informierte und ihn bat, vorbeizukommen. Einige Tage darauf bauten wir gemeinsam die kleine Teststation wieder auf, und auch Pirchl konnte eindeutig die Spinabweichung des Raetiasteines auspendeln. Nun müssen wir unter genauen Laborbedingungen diesen Teilchen auf die Spur kommen, dann wäre dies ein Nachweis, dass der Raetiastein Teilchen aussendet, und somit wären wir auch dem Bau eines Messgerätes schon näher. (Abb. 137 - 139)

Das Gedächtnis des Wassers

Wie schon auf der Insel Passero vor Sizilien vermutet, müsste es möglich sein Raetiasteine zu duplizieren, denn es ist nicht denkbar, dass die Errichter dieses Navigationssystems tonnenweise Steine im Mittelmeer herumgeschleppt haben.

Unsere Vermutung, ein paar Raetiasteine, auf die richtige Art und Weise natürlich, in eine Rinne zu legen und damit andere Steine mittels

Memory of water

As we had suspected back at the island Passero, off Sicily, it had to be possible to duplicate Raetia stones, since it is unthinkable that the builders of this navigation system would have hauled tons of stones around the Mediterranean. Our assumption was that other stones could be activated by dint of pouring running water over a couple of Raetia stones placed, the right way of course, in a groove. This proved true the very first time we simply tried it on board ship with sea water. In order to grasp the phenomenon "water" we have to dig a little deeper.

A biref excursion into the science of water to improve understanding

Water is matter that is not only made up of H2O, the elements hydrogen and oxygen, but at the same time it carries elements and information. In water, one atom of slightly negatively charged oxygen binds two slightly positively charged atoms of hydrogen. These atoms are bonded at an angle of 104.5°, causing its dipolarity. This dipolar character leads to a mutual, loose adherence between the single water molecules at normal temperatures. So-called clusters are created. The molecule of water consists of two hydrogen atoms and one oxygen atom. This is the basis for explaining the characteristics of water. The two hydrogen atoms and the two pairs of electrons are thus directed at the corners of an imaginary tetrahedron. The two hydrogen atoms at an angle of 104.5° form a perfect antenna for absorbing information that has a

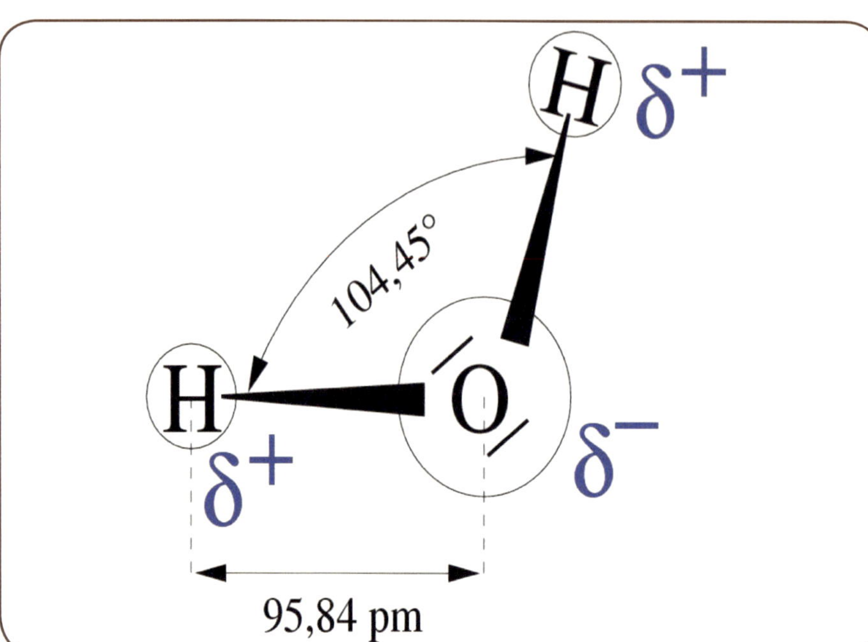

H δ+
104,45°
H
δ+
O
δ−
95,84 pm

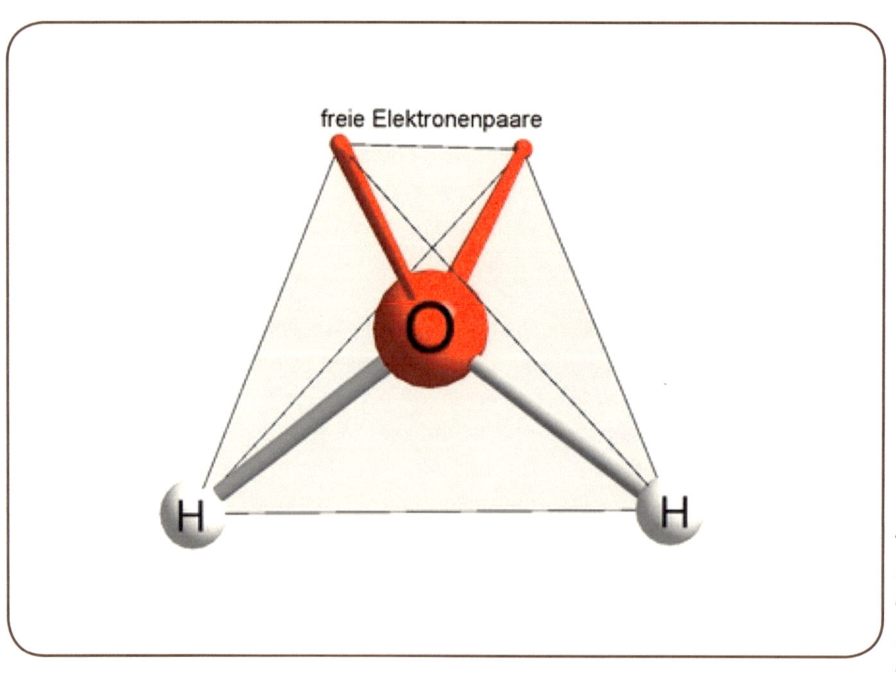

freie Elektronenpaare
O
H
H

darüber fließendem Wasser zu aktivieren, funktionierte schon beim ersten einfachen Versuch an Bord unseres Schiffes mit Meerwasser.
Um das Phänomen „Wasser" zu begreifen, muss man etwas tiefer gehen.

Eine kleine Wasserkunde zum besseren Verständnis

Wasser ist ein Stoff, der nicht nur aus H2O besteht, den Elementen Wasserstoff und Sauerstoff, sondern auch gleichzeitig Träger von Elementen und von Informationen. Eine Atom schwach negativ geladener Sauerstoff bindet beim Wasser zwei schwach positive geladene Atome Wasserstoff. Diese sind in einem Winkel von 104,5° miteinander verbunden und führen zur Dipolarität. (Abb. 140)
Die Dipolarität verursacht bei normalen Temperaturen eine gegenseitige lose Verbindung zwischen den einzelnen Wassermolekülen. Es kommt zu Bildung von sogenannten Clustern. Das Molekül des Wassers besteht aus zwei Wasserstoffatomen und einem Sauerstoffatom. Es ist die Grundlage zur Erklärung der Eigenschaften des Wassers. Die zwei Wasserstoffatome und die zwei Elektronenpaare sind folglich in die Ecken eines gedachten Tetraeders gerichtet. (Abb. 141)

Die zwei Wasserstoffatome im Winkel von 104,45° bilden eine perfekte Antenne zur Informationsaufnahme, welche dipolar aufgebaut ist. Sie kann also senden als auch empfangen. Forscher haben im Wasser unterschiedliche Frequenzen geortet, von 7,8-Hertz-Bässen, welches unserer Hippocampus-Frequenz im Gehirn

dipolar structure. This antenna can therefore send as well as receive information. Researchers have discovered different frequencies in water, from base frequencies around 7.8 hertz corresponding to the hippocampus frequency in our brain to the 72 hertz noise of spring water.

Even modern science cannot fully explain all aspects related to water. Science refers to the phenomenon of water. Here, a list of some of these water phenomena:

- *Water is made up of the elements of hydrogen and oxygen. Both are gases. Together however, at normal temperatures, they are liquid.*
- *Water takes twice as long to absorb and pass on heat as one would naturally suppose.*
- *Water is most dense at + 4° Celsius; however at this temperature it is liquid.*
- *Water is lighter in its solid state (ice) than it is in its liquid state, so that colder ice will float on warmer water.*
- *According to the laws of physics, water should have its freezing point at -120° Celsius and the boiling point, due to its molecular weight, at 75° Celsius. In fact, water freezes at 0° Celsius and boils at +100° Celsius.*
- *The difference between the freezing and boiling points would have to be 30° Celsius. The actual difference, however, is 100° Celsius. When freezing, the volume of water increases instead of decreasing.*
- *When adding very high pressure to water, its temperature will not exceed 37° Celsius.*
- *The minimum thermal capacity of water lies*

Abb. 142
Eiskristalle Lüsens/Tirol
Icecristalls Lüsens/Tirol

entspricht, bis zu 72 Hertz Geräusche von Quellwasser.

Auch die heutige Wissenschaft kann noch nicht alle Dinge, die mit dem Wasser in Zusammenhang stehen, erklären.

In der Wissenschaft spricht man von Phänomenen des Wassers.

Hier die Aufzählung einiger dieser Wasserphänomene:

- Wasser besteht aus den Elementen Wasserstoff und Sauerstoff. Beide sind Gase. Zusammen sind sie jedoch bei normalen Temperaturen flüssig.
- Wasser braucht doppelt so lange, wie man eigentlich annehmen sollte, um Wärme aufzunehmen und abzugeben.
- Wasser hat bei + 4° C die größte Dichte, ist aber flüssig.
- Wasser ist im festen Zustand (Eis) leichter als im flüssigen Zustand, sodass das kältere Eis auf dem wärmeren Wasser schwimmt.
- Physikalisch gesehen müsste der Gefrierpunkt des Wassers bei –120° Celsius und der Siedepunkt müsste aufgrund seines Molekulargewichtes bei 75° Celsius liegen. Tatsächlich liegt der Gefrierpunkt bei 0° Celsius und der Siedepunkt bei +100° Celsius.
- Die Differenz zwischen Gefrierpunkt und Siedepunkt müsste ca. 45° Celsius betragen. Sie beträgt aber 100° Celsius.
- Beim Gefrieren vergrößert sich sein Volumen, anstatt zu schrumpfen.
- Wird dem Wasser sehr hoher Druck zugeführt, steigt die Temperatur nicht über 37° Celsius.
- Das Minimum der Wärmekapazität des

at 37° Celsius which is why it can regulate human body temperature.
- *In addition, water is an excellent solvent – of 103 natural elements on earth, 84 are water soluble. This makes water an irreplaceable carrier of nutrients and harmful substances for all living beings.*

Seventy-two percent of the earth is covered by water; of this 98 % is in the oceans. Fresh water reserves make up only 2.53 percent of the earth's water and only 0.3 percent can be accessed for drinking water (Dyck 1995).

The old proverb that all life comes from water has been scientifically established today. Up to our birth we lived in amniotic fluid. The body of a newborn is made up of about 80 percent water. By the age of 40, this is reduced to about 72 percent. During a lifetime of 80 years, a person will drink around 60,000 litres of water, assuming an average daily intake of two litres a day. Doing so, he or she not only takes in liquid but also minerals diluted in water that are essential for living. Huge amounts of "information" which are processed and also stored in our bodies are also probably included in the quantity of water that we must drink to survive. The water provided to us by municipalities is, under normal circumstances, hygienically flawless. However in order for water to be transported from the source to the urban consumer, it often has to be pressurised for it to flow through the water conduits.

This leads to deformation of the water clusters causing, among others, the following disadvantages:

Abb. 143

Botifälle Ghana

Botifalls Ghana

Wassers liegt bei +37° Celsius und kann somit die menschliche Körpertemperatur regeln.
· Wasser ist zudem ein hervorragendes Lösungsmittel – von 92 natürlichen Elementen auf der Erde sind 84 in Wasser löslich. Daher ist Wasser ein unabdingbarer Transporteur von Nähr- und Schadstoffen für alle Lebewesen.
Die Erde ist zu ca. 72 Prozent mit Wasser bedeckt, davon entfallen allein 98 Prozent auf die Ozeane. Süßwasserreserven bilden lediglich 2,53 % des irdischen Wassers und nur 0,3 % sind als Trinkwasser zu erschließen (Dyck1995).
Die alte Weisheit, dass alles Leben aus dem Wasser kommt, ist heute wissenschaftlich untermauert. Wir leben bis zu unserer Geburt im Fruchtwasser. Der Körper eines neugeborenen Menschen besteht zu ca. 80 Prozent aus Wasser. Bis zum Lebensalter von 40 Jahren verringert sich dieser Anteil auf 72 %.
Im Laufe eines 80-jährigen Lebens trinkt ein Mensch etwa 60.000 Liter Wasser bei einem Durchschnittsverbrauch von 2 Litern täglich. Er nimmt dabei nicht nur Flüssigkeit zu sich, sondern eben auch im Wasser gelöste Mineralien, welche für unser Dasein lebensnotwendig sind. Auch sind in diesen Wassermengen, welche ein Mensch im Laufe seines Lebens zu sich nehmen muss um zu überleben, wahrscheinlich auch eine Unmenge von „Informationen" gespeichert, welche in unserem Körper verarbeitet und auch gespeichert werden. Das uns von den Kommunen gelieferte Leitungswasser ist unter normalen Umständen hygienisch einwandfrei. Durch den Transport von der Quellfassung bis zum Verbraucher in der Stadt muss dieses Wasser unter Druck gesetzt werden, um

Abb. 144
Bach Lüsens/Tirol mit
Raetiasteinen

Creek Lüsens/Tirol with
Raetiastones

durch die Wasserleitungen gepresst zu werden. Dadurch kommt es zu Verformungen der Wassercluster, woraus sich unter anderem folgenden Nachteile ergeben:

· die natürlichen Mineralien bleiben nicht mehr im Wasser gebunden
· der frische Geschmack des Wassers vermindert sich
· das Wasser ist ein energetisch totes Wasser

In solchen Clustern – das vermutet zumindest Jürgen Schulte von der University of Michigan – werden die Informationen der Homöopathie gespeichert. Wenn das stimmt, enthält Wasser nicht nur positive und heilsame Signale, sondern auch alle Informationen über Schadstoffe, mit denen es in Verbindung gekommen ist.

Um diese Cluster zu beobachten, werden sogar Wasserforscher nervös. Man muss schon sehr genau hinschauen, denn die Wassermoleküle sind gerade mal Zehnmillionstel Millimeter groß. Außerdem neigen Cluster zu einem regelrechten Hexentanz, was die Beobachtung nicht einfacher macht. Spektroskope registrieren elektromagnetische Strahlungen, Röntgen-Diffraktometer messen Interferenzphänomene, welche entstehen, wenn Röntgenlicht an Kristallstrukturen gebeugt wird. Möglich wäre es, dass Wasser-Cluster in einer Art molekularem Netzwerk Gasatome einfangen und festhalten. Sobald elektromagnetische Wellen auf das Wasser treffen, beginnen die eingesperrten Atome sehr schnell zu vibrieren. Nach bisherigen Tests verliert Wasser erst seinen Gedächtnisspeicher, wenn es über 400° erhitzt oder extrem stark verwirbelt wird.

Abb. 145

Purakaunifälle Neuseeland

Purakauni falls New
Zealand

Der weltbekannte deutsche Wasserforscher Diplomphysiker Dr. rer. nat. Wolfgang Ludwig, Berater der World Research Foundation, Los Angeles sowie Tempel University, Philadelphia, berichtet zum Thema „Lebensprozesse und Wasser":

„Wasser hat ein Gedächtnis wie ein Elefant" Natürlich speichert Wasser auch alle Schadstoffbelastungen und sonstigen negativen Eigenschaften wie zum Beispiel Strahlungen.

Auch hat Ludwig nachgewiesen, dass selbst mehrfach destilliertes Wasser zwar chemisch rein sei, aber immer noch mit „Schadstoff-Information" belastet ist.

Neu programmiert kann das Wasser ebenfalls durch gezielte Energiezufuhr werden, welches zum Beispiel beim homöopathischen Schütteln oder beim Energetisieren geschieht. Auch darüber gibt es neuerdings wissenschaftliche Erkenntnisse des Göttinger Max-Planck-Institutes, wo Experten für Strömungsforschung Schockwellen in Wassergläsern von über 90 km/h gemessen haben. Die Cluster geben also ganz schön Gas. Vor über 200 Jahren hat in Europa der Meißner Arzt und Chemiker Samuel Hahnemann, welcher die Homöopathie begründet hat, seine Belladonna-Tinktur, so lange verdünnt und geschüttelt hat, bis von der Ursubstanz nichts mehr vorhanden war. Die heilende Wirkung blieb trotzdem erhalten . Erst jetzt ist es Nuklearphysikern, Informatikern und Wissenschaftlern aus anderen Sparten gelungen, einen Zipfel des Geheimnisses zu lüften. Offenbar, so stellte sich heraus, werden heilsame Informationen aus den Wirkstoffen durch das Schütteln auf das Wasser übertragen, dort gespeichert und später an den Men-

The tilting phenomenon

Abb. 146

Rechtsdrehendes Quellwasser

Right turning Springwater

schen weitergegeben. Wasser muss demnach über Fähigkeiten verfügen, dass es erlernen, vermitteln und sich erinnern kann.

Die ersten Ergebnisse von Ken Jordan von der University of Pittsburgh, der auf den gigantischen Cray-C90-Computer im Pittsburgh Supercomputing Center Wasser-Cluster simuliert, sind ebenfalls hochinteressant:

· Wasser-Cluster senden typische Energiesignale aus, die von der Bewegung ihrer Einzelmoleküle abhängen. Wenn die Signale aufgezeichnet werden, ähnelt das Bild einer Relieflandkarte.

· Im Wasser bilden Cluster kristallähnliche Strukturen. Diese kristallinen Gitternetze vibrieren mit hohen Frequenzen. Sie können ähnlich wie Radiowellen aufgefangen werden, was eine Forschergruppe von Chemikern an der University of California in Berkeley mit einem Infrarot-Absorptions-Spektrometer bereits tut.

Die Forscher sind überzeugt: dem Wasser steht ein ausreichend großer Vorrat an unterschiedlichen Cluster-Strukturen zur Verfügung, um ganze Bibliotheken mit Informationen zu füllen.

Damit wäre eigentlich Masaru Emotos Arbeit „Wasser hat ein Gedächtnis" auch bestätigt. Jeder, der sich für die heilend Kraft von Wasser und die Gedächtnisfunktion des Wassers interessiert, sollte die Bücher Masaru Emotos studieren. Wenn man das Wasser Gedächtnis Phänomen zu Ende denkt, wird man sehr demütig und auch die Aussage des bekannten Atomphysikers Werner Heisenberg „Der erste Schluck aus dem Becher der Natur führt zum Atheismus, aber auf dem Grund wartet Gott" bekommt dann eine andere Dimension.

The Stopp phenomenon or the prehistoric radio transmitter

When Raetia stones are placed beside one another in a row, their power field is potentiated to such a degree that it can be felt hundreds of kilometres away. If, however, the last stone in a row is placed diagonally, the entire power field ceases to be effective. If you have set out stones in 10 rows within 1m and for example, and you shift the last stone in rows 2 and 7 diagonally, these two power fields will cease to be effective.

By agreeing on a specific point in time, for example a full moon or the time when a certain star is at its zenith, you can - by agreeing on a code beforehand - easily broadcast a signal over large distances using this 1-10 system. The fact that this also works right through mountains adds to the suspense.

Shutting down radiation veins with the power of the Raetia Stones

The power of Raetia stones can be used to divert noxious veins that may radiate from water veins, tectonic faults or earth rays in order to diffuse their specific harmful effects on humans, animals and plants - not of course, to eliminate them altogether.

Yet, in addition to these there are further powers contained in Raetia stones that will have to be researched more closely.

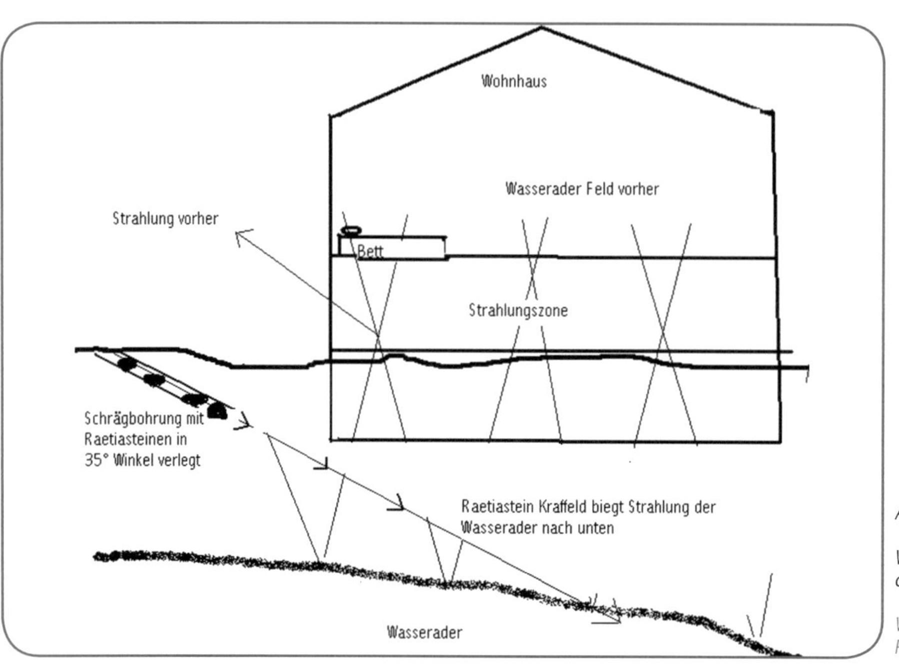

Abb. 147

Wasseraderentstörung durch Raetiasteine

Watervein elimination with Raetiastone

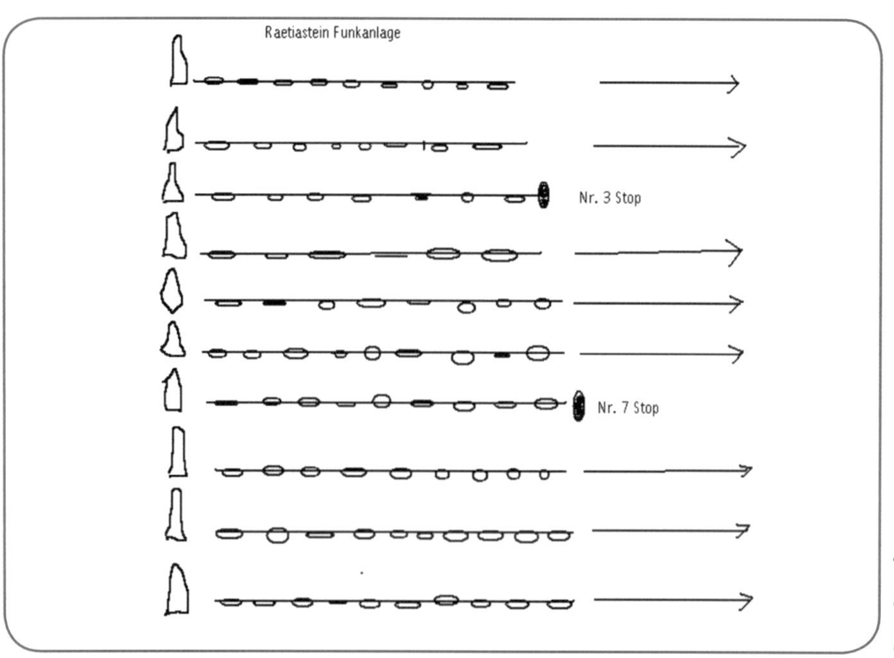

Abb. 148

Raetiastein Funkanlage

Raetiastone Transmitter

Eigentlich ist es traurig, dass wir Menschen, Bewohner des blauen Planeten, vom Wasser lebensabhängig, so wenig über unseren Hauptstoff wissen. Stattdessen verschwenden und verschmutzen wir Wasser, ohne uns überhaupt über die katastrophalen Langzeitauswirkungen den Kopf zu zerbrechen.

Die Wasserforschung sollte die wichtigste Disziplin in der Wissenschaft sein! (Abb. 143 - 147)

Das Kipp-Phänomen

Werden Raetiasteine in einem Winkel von über 45° geneigt, verlieren sie ihre Kraft. Daher ist es auch nicht möglich die Navigationsanlagen in höheren Lagen über dem Meeresspiegel zu bauen, sondern idealerweise am Meeresspiegel in Grotten oder Kavernen. Andererseits gehen die Strahlen durch Hügel und Berge hindurch als wären diese nicht vorhanden, es verstärken sich die Strahlen sogar dadurch. Dieses Phänomen ist noch ausführlich zu untersuchen.

Das Stopp-Phänomen oder
das prähistorische Funkgerät

Legt man mehrere Raetiasteine hintereinander, verstärkt sich deren Kraftfeld so, dass dieses hunderte von Kilometer weit fühlbar ist. Dreht man aber den letzten Stein der Reihe quer, hört das ganze Kraftfeld auf zu wirken. Hat man nun eine 10 x 1 m adrige Steinsetzung angelegt und dreht zum Beispiel bei der Linie 2 und 7 den letzten Stein quer, dann senden diese beiden Adern nicht mehr. Vereinbart man einen Zeitpunkt über große Entfernung, zum Beispiel bei Vollmond oder beim Zenitstand eines gewissen Sternes, kann man mit diesem System 1-10 tadellos "funken", falls

The most recent discoveries on the Alpe Ronna and new conclusions

When Mr. Pirchl inspected the stone circles at Tschengla, Bürserberg, near Bludenz in Vorarlberg, Austria, anew in August 2006, he discovered a settlement that belonged to the stone circles: the ground plan of 15 houses and connecting paths. However, he was very irritated by the fact that the radiation veins, contrary to all previous experience, suddenly turned corners. As we have mentioned, it is possible to divert veins by a maximum of 40°. So there must be a special method to achieve this diversion of 90°. After repeated digging, he was able to identify Raetia stones at the houses' corners, pointing, "head-first" so-to-speak, down below the house's corner, by approximately 35 to 40°.

Thus, the main radiation beam is diverted at right angles around the house by these so-called "guiding" stones, creating a new and absolutely undisturbed, radiation-free zone inside the house. For us humans, this zone is charged with extremely positive energy and has a calming effect. All rays coming at an oblique angle from the outside are diverted, only rays or veins that arrive at a right angle pass through. As the vertical energy field of a Raetia stone is shaped like a candle flame of up to four metres high, a pyramid shaped cupola is formed over, as well as under the candle's mirror image - the house - shielding it in the shape of a perfect octahedron.

Upon radiesthetic examination of the settlement on October 6, 2006 with Gerhard Pirchl, we marked the ground plan of the houses and it soon became clear that the central structure

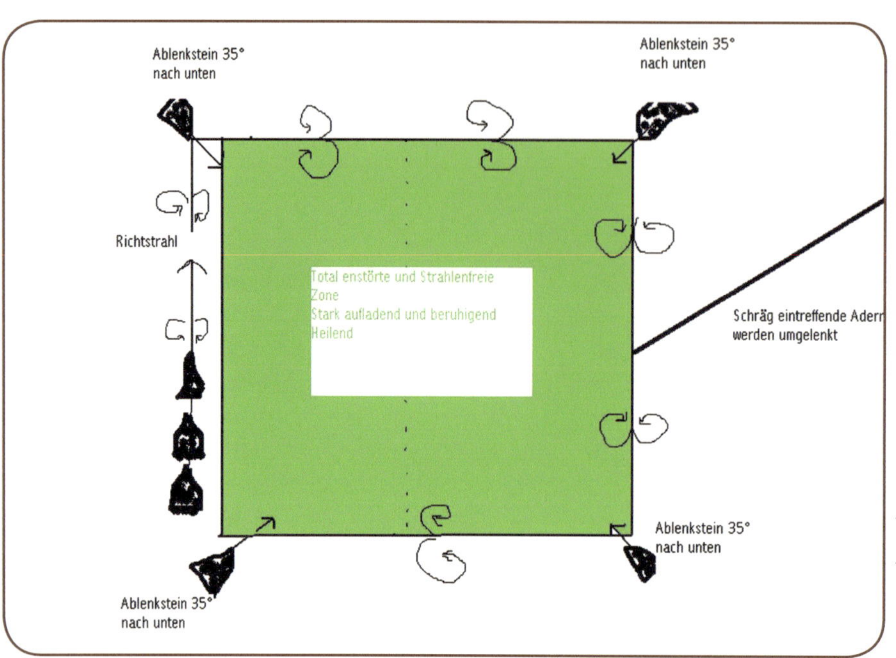

Abb. 149

Abschirmung von Wohngebäuden mittels Raetiasteine

Raetiastone Transmitter

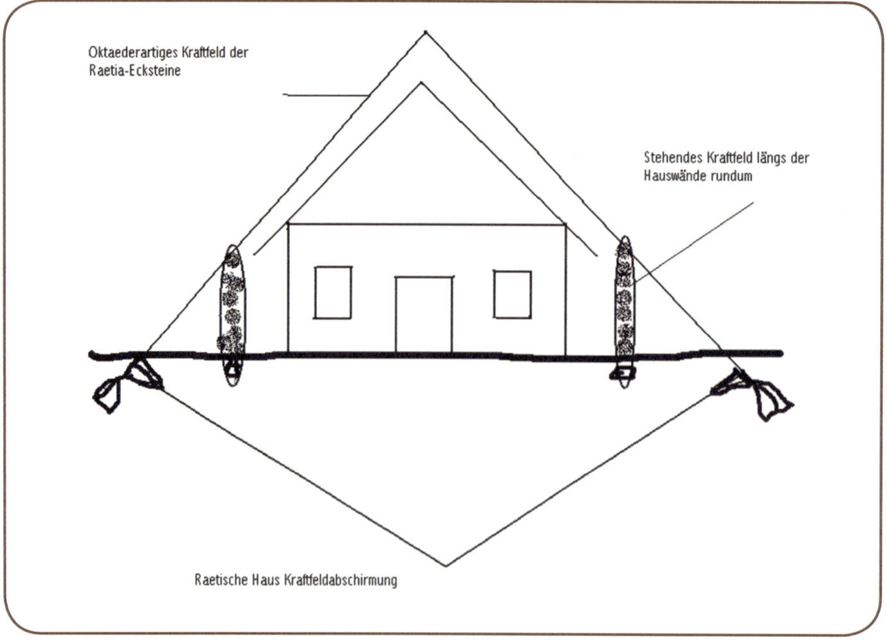

Abb. 150

Raetische Hausabschirmung

Raetiansystem shutting down powerfields

man vorab einen Code ausmacht. Da dies auch durch Berge hindurch funktioniert, macht die Sache noch spannender. (Abb. 148)

Adernstilllegung mittels der Kraft der Raetiasteine

Mit der Kraft der Raetiasteine kann man schädliche Adern wie die Strahlung aus Wasseradern, Verwerfungen und Erdstrahlungen ablenken, aber natürlich nicht eliminieren, um so die schädliche Wirkung auf Mensch, Tier und Pflanze örtlich zu beseitigen.

Darüber hinaus gibt es noch einige andere Kräfte in den Raetiasteinen, welche aber noch genau erforscht werden müssen. (Abb. 147/149/150)

Der neueste Fund auf der Alpe Ronna mit neuen Erkenntnissen

Bei einer neuerlichen Begehung des Steinkreises Bürserberg/Tschengla/Bludenz/Vorarlberg fand Pirchl im August 2006 die zu den Steinkreisen gehörende Siedlung mit 15 Hausgrundrissen und Verbindungswegen. Anfangs war es für ihn sehr irritierend, dass die Strahlenadern gegen alle bisherigen Erfahrungen auf einmal um das Eck liefen. Wie schon festgestellt, kann man den Strahl max. 40° lenken, also muss es eine spezielle Methode geben, diese 90°-Abweichung zu gestalten. Nach mehrmaligen Grabungen sah er an den Eckpunkten Raetiasteine, welche mit der Spitze voraus in das Hauseck im Abwärtswinkel von ca. 35–40° zeigten.

Dadurch wird der Hauptstrahl vom sogenannten Leitstein rechtwinklig um das Haus herum abgelenkt, und es entsteht innerhalb des Hauses eine absolut störungsfreie und strahlen-

had to be a special place. This was the first time we found a building that was shielded all around by a double-tiered radiation belt, probably to stabilize the radiation ceiling at sufficient height.

This central building, probably a temple or cult place is aligned exactly north-south (with mis-allocation of 6° east according to modern knowledge), the global grid net is aligned with the exterior walls and shielding rays, the Curry net cuts right through the middle of the building and Benker's Cubic System covers the entire location. In the depression (wetland) to the west of the settled hill we were able to detect vertical power fields at a longitudinal and lateral distance of exactly 33 cm. The entire grid here appears to be an agricultural field but the meaning of the placement of these stones remains, as yet, completely unclear. Perhaps Raetia stones, when placed standing in the earth, stimulate growth in plants with their vertical power field. Experiments in this direction will be conducted under supervision during the winter 2007 in a greenhouse. The results of this experiment will be published later.

Trials on shutting down the power field

After numerous trials and measurements it soon became clear that particular vertical power field helices, originating from upright Raetia stones could be shut down only with great difficulty or perhaps not at all. They are extremely strong and pass through nearly all known substances. During trials, although it might often have appeared that a material was holding off the power field, the radiati-

Abb. 151

Pichl/Walli am 7. 10. 06
Alpe Ronna markieren der
Grundrisse

*Pirchl & Walli marking the
foundations at Alpe Ronna
on October 7, 2006*

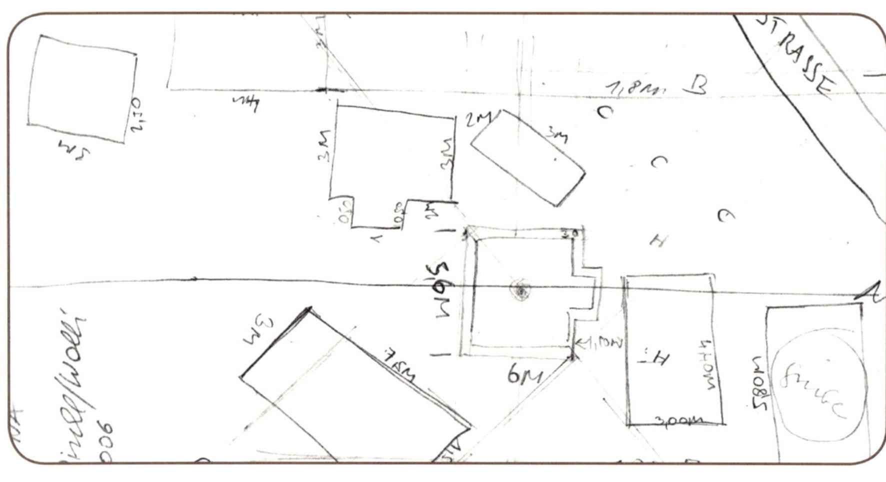

Abb. 152

Grundrisse Siedlung
Alpe Ronna

Abb. 153

Zweireihige Steinsetzung
Abschirmung vermutlicher
Tempel/Kultplatzgrundriss

*Arrangement of double-
tiered stones (ground
plan) in order to shield
an assumed temple or
cult site*

freie Zone. Dieser Bereich ist für uns Menschen extrem positiv aufladend und beruhigend.

Sämtliche schräg von außen eintreffenden Strahlen werden abgelenkt, nur im rechten Winkel auftreffende Strahlen oder Adern gehen durch. Da ja die Raetiasteine ein Kerzenflammen ähnliches Strahlungsfeld mit bis 4 m Höhe besitzen, bilden sie eine pyramidenförmige Abschirmkuppel über dem Haus, ebenso spiegelverkehrt nach unten in den Boden, also ein perfektes Oktaeder. (Abb. 150)

Bei der radiästhetischen Untersuchung des Siedlungsplatzes am 6. 10. 06 zusammen mit Gerhard Pirchl und Markierung der Siedlungsgrundrisse wurde bald klar, dass der zentrale Mittelbau etwas Besonderes sein musste. Erstmals war ein Haus durch eine zweireihige Strahlenbahn rundum abgeschirmt, vermutlich um das Strahlendach in genügender Höhe zu stabilisieren. Der vermutliche Tempel oder Kulthaus steht exakt Nord-Süd ausgerichtet (heute 6° O Missweisung), das Globalgitternetz deckt sich mit den Außenwänden und Abschirmstrahlen, das Currynetz schneidet genau in der Mitte des Gebäudes durch, das Kubensystem umfasst den ganzen Platz. In der Senke (Feuchtgebiet) westseitig des Siedlungshügels konnten stehende Kraftfelder in genau 33-cm-Längs- und Querabstand gemessen werden. Der ganze Raster sieht nach einem Pflanzenfeld aus; welchen Sinn diese Steinsetzungen gehabt haben, ist noch total unklar.

Vielleicht aber regen stehende Raetiasteine im Boden mit stehendem Kraftfeld das Wachstum der Kulturpflanzen an. (Abb. 163) Versuche werden unter Aufsicht durchgeführt.

on did oftentimes pass through after several hours of exposure. These trials will require a lot of further testing and are very important when it comes to handling the stones, as vertical helices can charge locations and the handler.

Like Mr. Pirchl, I have also undertaken various trial series and thereby discovered something quite interesting. The first error consisted of placing the vessels containing the standing Raetia stones too close to one another. This meant that stronger Raetia stones could discharge the weaker ones. No power field could be measured. Additionally, we noticed that the power fields were stronger in the evening than in the morning, meaning that they are subject to tidal forces. This of course opens up a completely new perspective for future research on the physical aspects of this radiation and its frequency.

Experiment in Bludenz, Austria, on November 21, 2006 - Blind Test series

Standing Raetia stones in 15mm spun Delrin vessels
20 vessels with paper covers - of which 12 contain standing stones and 8 contain none
10 vessels with paper covers - of which 6 contain standing stones and 4 contain none
Approximately 75% correct results were found by Pirchl & Walli with the pendulum. The trial was then aborted, as it became evident that not only the paper covers but also the underlying asphalt was becoming charged and thus the measurement results were falsified.

Abb. 154

Doppelblind Testversuch mit stehenden Kraftfeldern, Bludenz, Österreich August 2006

Double blind testing series with standing power fields, Bludenz, Austria, autumn of 2006

Kraftfeld-Abschirmungsversuche

Nach vielfachen Versuchen und Messungen wurde bald klar, dass speziell stehende Kraftfeldspiralen, ausgehend von stehenden Raetiasteinen, sehr schwer, wahrscheinlich nicht abzuschirmen sind. Diese Kraftfeldspiralen sind äußerst stark und gehen durch fast alle bekannten Materialien hindurch. Auch wenn es bei Testversuchen oft so aussieht, dass ein Material abschirmt, kommt es dann nach mehrstündiger Einwirkzeit doch wieder durch. Diese Versuche verlangen noch viele Testreihen und sind für die Handhabung der Steine sehr wichtig, da man mit stehenden Kraftfeldspiralen den Ort und sich selbst aufladen kann.Ich habe, ebenso wie Gerhard Pirchl, verschiedenste Versuchsreihen gemacht und bin dabei auf etwas Interessantes gestoßen. Erstens wurde der Fehler begangen die Behälter mit den stehenden Raetiasteinen in einem zu kleinen vertikalen Abstand anzuordnen. Dadurch passierte es, dass der stärkere Raetiastein den schwächeren entladen hat. Es konnte kein Kraftfeld mehr gemessen werden. Zudem stellten wir fest, dass die Kraftfelder abends stärker als am Morgen sind, das heißt also, sie unterliegen vermutlich der Tidenkraft. Das ergibt natürlich ganz neue Perspektiven in der weiteren Erforschung der physikalischen Art der Ausstrahlung und deren Frequenz.

Testversuch in Bludenz am 21. 11. 2006 Blindversuchtestreihe

Experiment in Bludenz, Austria, on December 21, 2006 - Blind Test series

For our second trial series in Vienna on December 12, 2006, we used core-drilled Raetic stone cylinders, 15mm by 50mm in size, as well as same sized non-radiating stones, all uniformly spray-painted in grey and tested these in a blind test. Again, the surroundings were charged, such as a chair or the actual person doing the testing.
Despite all these drawbacks we were able to achieve a success rate of over 80%, even over 90% after "neutralizing" the tester arithmetically, not however the 100%.

For the scheduled new test we will have to use new basic elements for the blind testing design to improve accuracy and correctness of the results. These new basic elements include:
· *Testing grounds to assure they are completely free of rays and radiation veins*
· *Additional shielding of the tables to be used during testing with polycarbonate boards on the ground*
· *"Vein-free" testers and dowsers*
· *No touching of the trial stones, only visual contact*
· *Shielding in a special PET container and having the tester put the samples of test Raetia stone cylinders in place only shortly before the trial using gloves and polycarbonate tongs*
Pirchl discovered the cause of the error at the end of December after numerous test runs.
"Today I had another satisfactory experience: I succeeded in completing the double-blind stu-

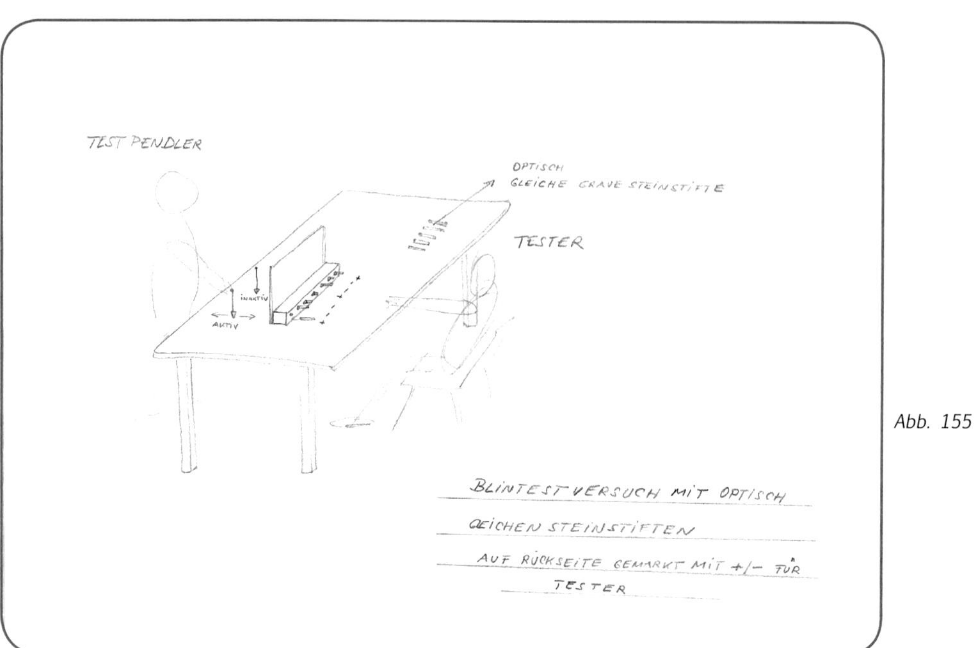

BLINTEST VERSUCH MIT OPTISCH

GLEICHEN STEINSTIFTEN

AUF RÜCKSEITE GEMARKT MIT +/– FÜR

TESTER

Abb. 155

Testanordnung:

Stehende Raetiasteine in 15 mm gedrehten Delrin-Behältern

Versuchsanordnung

20 Behälter mit Papierabdeckung, davon 12 mit stehenden Steinen/8 ohne

10 Behälter mit Papierabdeckung, davon 6 mit stehenden Steinen/4 ohne

Es konnten ca. 75% richtige Ergebnisse von Pirchl/Walli gependelt werden, dann wurde der Versuch abgebrochen, da festgestellt wurde, dass nicht nur die Papierabdeckung, sondern auch der darunter liegende Asphalt aufgeladen wurde und daher falsche Messergebnisse geliefert wurden. (Abb. 154)

Blindtest-Versuchsreihe in Wien
am 12. Dezember 2006

Bei der zweiten Testreihe am 13. 12. 06 in Wien wurden kerngebohrte Raetiastein-Zylinder 15 mm x 50 mm mit einheitlicher grauer Farbe gespritzt sowie gleiche aus nichtstrahlenden Steinen in einem Blindversuch ausgetestet. Auch hier kam es wieder zu Aufladungen umliegender Gegenstände wie zum Beispiel eines Stuhles sowie des Testers als Person selber, trotz all dieser Missstände konnten wir auf über 80% Trefferquote kommen, nach Neutralisierung des Testers rechnerisch sogar über 90% richtiger Ergebnisse, aber eben nicht 100%.

Bei dem neu angesetzten Test werden neue Grundlagen zum Blindtest verwendet werden müssen wie absolut strahlen- und adernfreies Testgelände, Abschirmung des Tests, Tische aus Holz, zusätzlich mit Polycarbonatplatte am

SCHIRM PLATTE DELRIN 5MM
DELRINSTAB 50x50x230 mm
15mm RAETIASTEINSTIFT   +   13 mm STEINSTIFTE
GRAU LACKIERT   GRAU LACKIERT
AKTIV   INAKTIV
BLINDTEST VERSUCHS ANORDNUNG MIT AKTIVEN
UND INAKTIVEN NEUTRAL LACKIERTEN STEIN STIFTEN

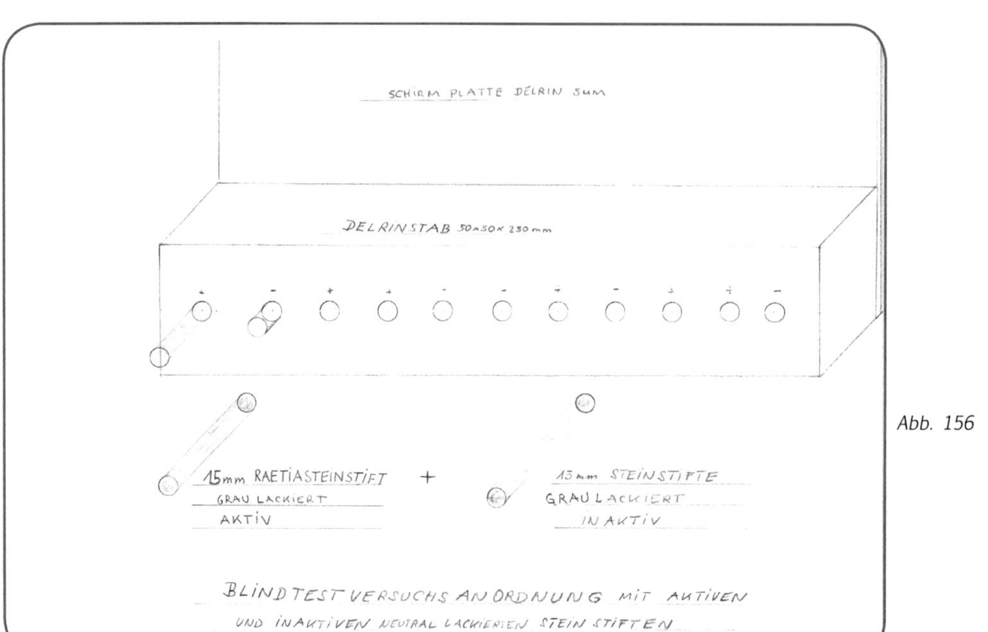

Abb. 156

Boden adernfreie Testpersonen und Pendler
Kein persönlicher Griffkontakt zu den Teststei-
nen, nur visuelle Abschirmung in einem speziellen PET-Lagerkasten und Einbringung der
Probe Test Raetiastein Zylinder durch den Prü-
fer erst kurz vor dem Versuch mittels Hand-
schuhe und Polycarbonatzange.
Pirchl kam dann Ende Dezember bei zahlreichen
Testversuchen auf die Ursache des Fehlers.

„Hatte heute noch ein Erfolgserlebnis. Es ist
mir gelungen, den Doppelblind-Test zu 100%
zu erfüllen!
Den Grund für die Misserfolge konnte ich heute
lösen. Die Lagerdosen der Proben waren falsch
dimensioniert, zu breit! Diese darf höchstens
ein Viertel der Kraftfeldbreite betragen. Wenn
die Aufbewahrungsschachtel zu breit ist, werden Proben durch andere Proben, die an der
anderen Seite der Aufbewahrungsschachtel
liegen, durch die kreisförmig zur Kraftfeldachse zurückdrehende Kraftlinie wieder entladen.
Die Proben dürfen nur in der ersten Hälfte
der kreisförmig drehenden Kraftfeldlinie liegen.
Breiter darf die Aufbewahrungsdose nicht sein,
sonst entlädt es die einzelnen Proben in der
zweiten Kreishälfte, am besten ein Rohr.

Am Anfang hatte ich noch das Problem, dass
sich die Kraftfeldachse eines von mir im
Nebenraum im Gestell gelagerten Steines sich
genau auf Höhe und Stelle befand, wo ich
die Steine zum Pendeln hinlegte und ich das
Kraftfeld verzweifelt am Boden unterm Tisch
suchte – so wird dir nie bei der Arbeit lang-
weilig."

Abb. 151 – Testreihe mit 24 verschiedenen Abschirmplatten, Kunstoffen und Metallen:
Test series with 24 different plastic and metal shielding sheets:

Testreihe *Test Series*	Material *Material*	neg *negative*	sehr schwach *very weak*	leicht *slight*	Positiv *positive*
N°1	Plexiglas 10 mm			x	
N°2	Plexiglas 20 mm	x			
N°3	Forex EPC 3 mm weiß/ *white*			x	
N°4	Forex EPC 5 mm weiß/ *white*			x	
N°5	Forex EPC 3 mm schwarz/ *black*		x		
N°6	Forex EPC PAN 19 mm		x		
N°7	Forex EPC PAN 38 mm	x			
N°8	Acryl-XTP 3 mm				x
N°9	Polycarbonat Stegplatte 10 mm *Polycarbonated Structured Sheets 10mm*			x	
N°10	Polycarbonat Stegplatte 6 mm *Polycarbonated Structured Sheets 6mm*			x	
N°11	Axept 1 mm		x		
N°12	Sigricolor-Alu blau 2 mm *Sigricolor aluminium blue 2mm*				x
N°13	Lexan XTP 3 mm	x			
N°14	Alu Gold eloxiert 1 mm *Alu Gold anodised 1mm*			x	
N°15	Thyssen Tibad Alu 3 mm			x	
N°16	Kapa 3 mm schwarz/ *black*		x		
N°17	Polycarbonat 3 Stegplatte 20 mm *Polycarbonate Double Sheet 20mm*		x		
N°18	Centafoam 5 mm		x		
N°19	Centafoam 10 mm		x		
N°20	Interacryl grün 3 mm *Interacryl green 3mm*				x
N°21	Acryl verspiegelt 3 mm *Acryl mirrored 3mm*	x			
N°22	Polystyrol verspiegelt 3 mm *Polystyrol mirrored 3mm*	x			
N°23	Thyssen Kapa 2 x 5 mm		x		
N°24	Glasplatte getempert 15 mm *Glass sheet tempered 15mm*	x			
N°25	Delrin 20 mm Platte *Delrin 20mm sheet*				x
N°26	PET 10 mm				x

Versuchsreihe Abschirmung von stehenden Kraftfeldern der Raetiasteine

Versuchsanordnung Testreihe I – Abschirmmaterialtest mit stehendem Kraftfeld

Kunststoffbox aus Forex-Schaumplatte 10 mm – Größe 10 x 10 x 10 cm.
Dieses Material wurde genommen, da es eine gute Kurzzeitabschirmung hat.
Raetiastein klein, Längsstrahlung 3 m Breite 0,30 – Höhe 1,5 m aus Fundstätte Selinunte, Tempelanlage A, Sizilien 2006

Testzeit ca. fünf Minuten je Platte.
Bestes Abschirmresultat mit Acryl verspiegelt, Innenseite Probekasten sowie Delrin und besonders PET.

Nach einer Einwirkzeit von 24 Stunden ging das Kraftfeld durch sämtliche dieser Materialien durch. Es wurden danach Versuche mit Blei, Stahl, Bleche, Gläsern, Holz, Erden sowie im Wassertank durchgeführt. Alle Tests verliefen negativ, nur der Wassertank schirmte noch am besten ab.

Nach vielen weiteren Versuchen bestätigte sich „vorläufig", dass stehende Kraftfeld-Spiralen NICHT dauerhaft abgeschirmt werden können, aber vielleicht werden wir eines Tages eine Möglichkeit dazu finden. (Abb. 151 - 154)

Stehende Kraftfelder

Die stehende Kraftspirale wurde bereits seit Urzeiten bildlich auf Steinen sowie auf Schmuckstücken dargestellt. Diese Kraftspira-

Trial series - testing shielding materials with vertical power fields

Study design

Plastic box made of 10mm Forex foam panels – size: 10x10x10 cm.
The material was chosen for its good short-term shielding properties.
Small Raetia stone with 3 m longitudinal radiation, 0,30m wide and 1,5m high radiation, found at Selinunte, Sicily, temple complex A, 2006.

Duration of test: approximately 5 minutes per sheet
The best shielding results were achieved with the trial box lined with mirrored acryl as well as Delrin and particularly PET.

After 24 hours of exposure, the power field passed through all these materials. We tested other materials as well: lead, steel, various types of metal sheets, glass and earth, wood, as well a water tank. These tests brought negative results; only the water tank provided a certain degree of shielding.
Many further tests confirmed our "preliminary" conclusion that vertical power field spirals CANNOT be contained permanently. Perhaps we will discover a possibility to achieve this one day.

Vertical power fields
Vertical power spirals have been depicted on stones and on jewellery since ancient times. This means these power spirals were felt or

Abb. 157

Testreihe mit Kunststoff-Abschirmplatten

Test series with plastic screen as shielding

Abb. 158

Stehende Kraftfeld-Spirale

Vertical power field spirals

Abb. 159

Testpendelung mit Abdeckung

Testing with pendulum and cover

len konnten also seit Urzeiten gefühlt bzw. mittels Pendel festgestellt werden. (Abb. 158)

Wie schon im Kapitel Kraftfeldabschirmung beschrieben, ist es fast unmöglich diese pulsierenden, stehenden Kraftfeldspiralen abzuschirmen.
Dieses Kraftfeld ist Gezeiten (Tiden - Tag/Nacht) abhängig und pulsiert unterschiedlich stark.
Bei Tidenhochstand (Springtide/Vollmond) ist das Kraftfeld am schwächsten, bei Nipptide (Neumond) am stärksten.
In den Steinkreisen wurde speziell der sogenannte Mittelstein mit stehenden Raetiasteinen umgeben bzw. unterlegt. Diese äußerst kraftvollen Plätze wurden teilweise mit dem Symbol der Spirale versehen. (Abb. 162)

Einige Beispiele von Darstellungen der Kraftfeldspirale auf der nächsten Seite.

Eines der ältesten Schmuckstücke in Österreich: Kette mit durchbohrten Schneckengehäusen vom Hundssteig im Stadtgebiet von Krems in Niederösterreich. Sie wurde vor mehr als 30 000 Jahren von einem Menschen getragen. Länge der Kette 13 Zentimeter.
Durchmesser des größten Schneckengehäuses 1,4 Zentimeter. Original im Stadtmuseum Krems. (Abb. 161)
Der auf der Alpe Ronna-Bürserberg gefundene Acker, welcher in 33-cm-Raster mit stehenden Raetiasteinen unterlegt ist, wurde wahrscheinlich deswegen angelegt, da diese Kraftfelder stimulierend auf das Pflanzenwachstum wirken.

As we illustrated in the chapter on shutting down power fields, it is nearly impossible to contain these pulsating, vertical power field spirals.
The power field is regulated by the tides and oscillates with varying intensity during day and night. It is weakest during spring tide (full moon) and strongest during neap tide (new moon).
In stone circles especially the so-called middle stone was surrounded by or underlain with Raetia stones. Some of these extremely powerful places were marked with spiral symbols.

Some examples of depictions of power field spirals on the next pages.

One of Austria's oldest pieces of jewellery: Chain with pierced snail shells from the "Hundssteig" near the city of Krems in Lower Austria. It was worn by someone more than 30,000 years ago. The chain is 13 cm long and the diameter of the largest shell is 1.4 cm across.
The original is in the municipal museum, the Stadtmuseum, Krems. [Ernst Probst, Deutschland in der Steinzeit, Jäger, Fischer und Bauern zwischen Nordseeküste und Alpenraum, (Germany in the stone age – hunters, fishermen and farmers between the North Sea and the Alps) C. Bertelsmann, 1991, p. 133]
The field discovered at the Alpe Ronna-Bürserberg had a grid of 33 cm with upright Raetia stones underground. This arrangement was probably created for these power fields to have a stimulating effect on plant growth there.

Abb. 160

Kraftspirale

Forcespiral

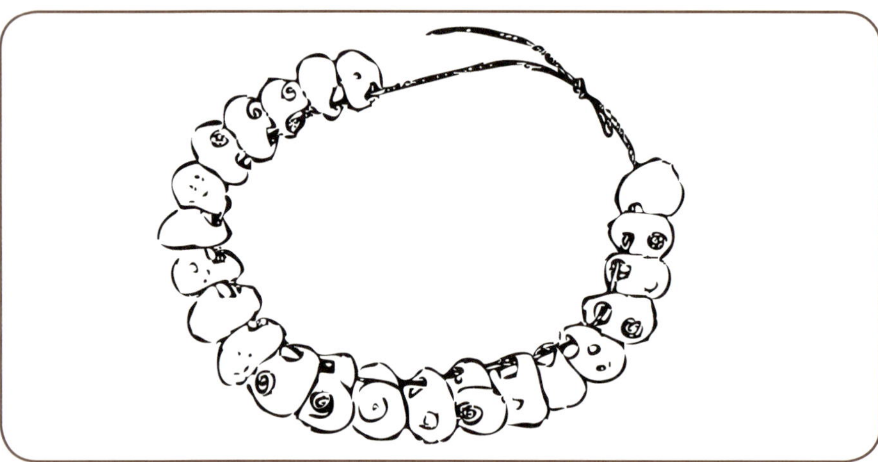

Abb. 161

*Eines der ältesten
Schmuckstücke in
Österreich*

One of Austria's oldest
pieces of jewellery

Abb. 162

*Bildstein Visby/
Gotland/Sweden
Darstellung 4-fach-
Kraftspirale*

Illustrations on stone from
Visby, Gotland, Sweden
Depiction of a 4-fold
power spiral

DIE STEHENDE KRAFTSPIRALE
STEHENDER RAETIA STEIN
ACKER ALPE RONNA
33CM PFLANZABSTAND
STEHENDE KRAFTFELDER
ADERN-KRAFTFELD
ADERNKRAFTFELD
ADERNKRAFTFELD
MITTELSTEIN

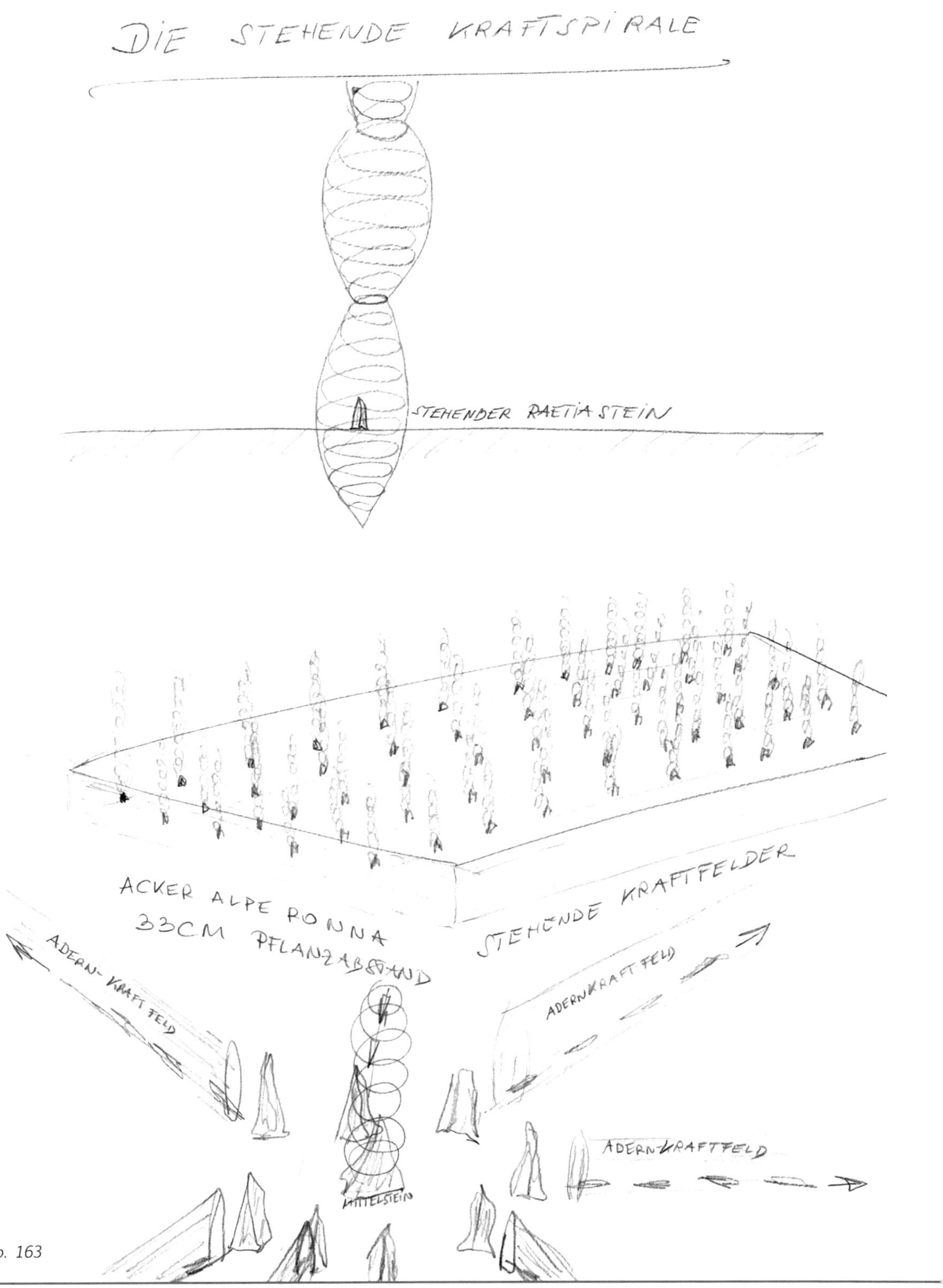

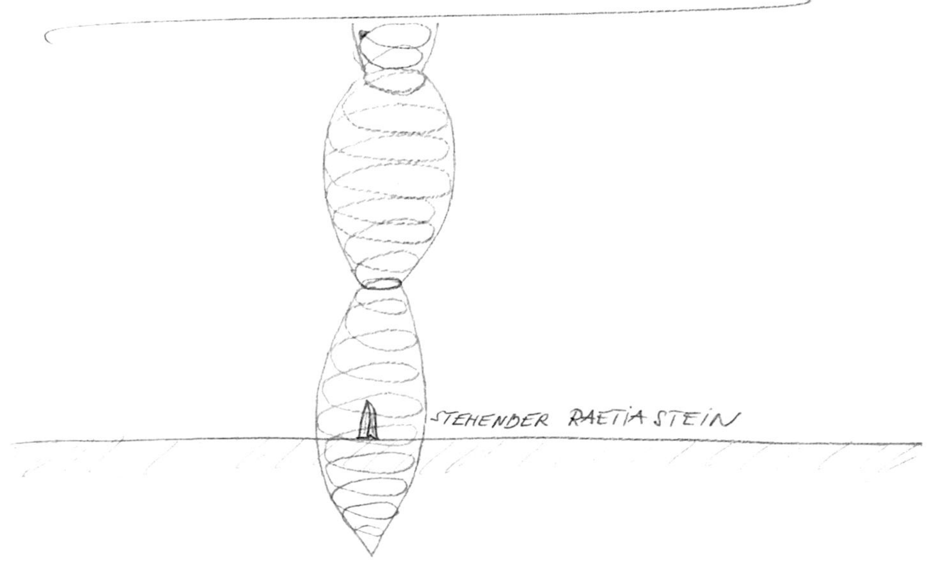

Abb. 163

Abb. 164

Pflanzversuche

Plant Growth testing

Abb. 165

Erste Auskeimung
Rapspflanzen am 21. 1.
2006

*First sprouting of rapeseed
on January 21, 2006*

Pflanzenwachstums-Test mit Raetiastein-Kraftfeldern

Um dies zu testen, wurde am 16. Dezember 2006 im Botanischen Garten der Universität Innsbruck eine Pflanzenversuchsreihe gestartet. Es wurden 22 Raps- sowie Gerstepflanzen ausgesetzt und zwar

3 x   Testtöpfe ohne Raetiasteine
      mit Rapssamen
3 x   Testtöpfe ohne Raetiasteine
      mit Gerstesamen
3 x   Testtöpfe mit liegenden Raetiasteinen
      mit Rapssamen
3 x   Testtöpfe mit liegenden Raetiasteinen
      mit Gerstesamen
5 x   Testtöpfe mit stehendem Kraftfeld
      mit Rapssamen
5 x   Testtöpfe mit stehendem Kraftfeld
      mit Gerstesamen

mit stehendem Kraftfeld (Raetiasteinen) und mit liegendem Kraftfeld (Raetiasteinen) sowie ohne Steine. Gemessen werden wöchentlich das Wachstum sowie die vertikale Linie der Pflanzen. Alle Pflanzen werden gleich gegossen und gedüngt, es herrschen gleiche Licht- und Temperaturverhältnisse für alle Pflanzen.
Die ersten Auskeimungen erfolgten bei 4 von 5 Versuchstöpfen mit Raps mit stehendem Kraftfeld sowie 3 von 5 bei liegendem Kraftfeld. Bei den 5 Versuchstöpfen ohne Raetiasteine war noch keine Auskeimung feststellbar.
Dies scheint doch ein sehr wichtiger Indikator zu sein, dass die Raetiasteine das Wachstum anregen bzw. beschleunigen. (Abb. 164/165

Testing plant growth with Raetia Stone power fields

In order to test this, a trial series on plant growth was begun in the Botanical Gardens of the University of Innsbruck on December 16, 2006.

Twenty-two seeds (11 rapeseeds, 11 barley seeds) were sown according to the following design: with upright Raetia stones; with horizontal Raetia stones; without stones:

3 x   trial pots with rapeseed
*   without Raetia stones*
3 x   trial pots with barley seeds
*   without Raetia stones*
3 x   trial pots with rapeseed
*   with horizontal Raetia stones*
3 x   trial pots with barley seeds
*   with horizontal Raetia stones*
5 x   trial pots with rapeseed
*   with upright Raetia stones*
5 x   trial pots with barley seeds
*   with upright Raetia stones*

Both the plants' growth and the power fields were measured on a weekly basis. All plants were watered and fertilized equally and light and temperature were constant for all plants. The first germination of rapeseed occurred in 4 of the 5 trial pots with upright stones as well as in 3 of the 5 pots with horizontal stones. The 5 trial pots without Raetia stones showed no signs of germination at that time. This seems then to be a very important indicator that Raetia stones encourage or accelerate growth.

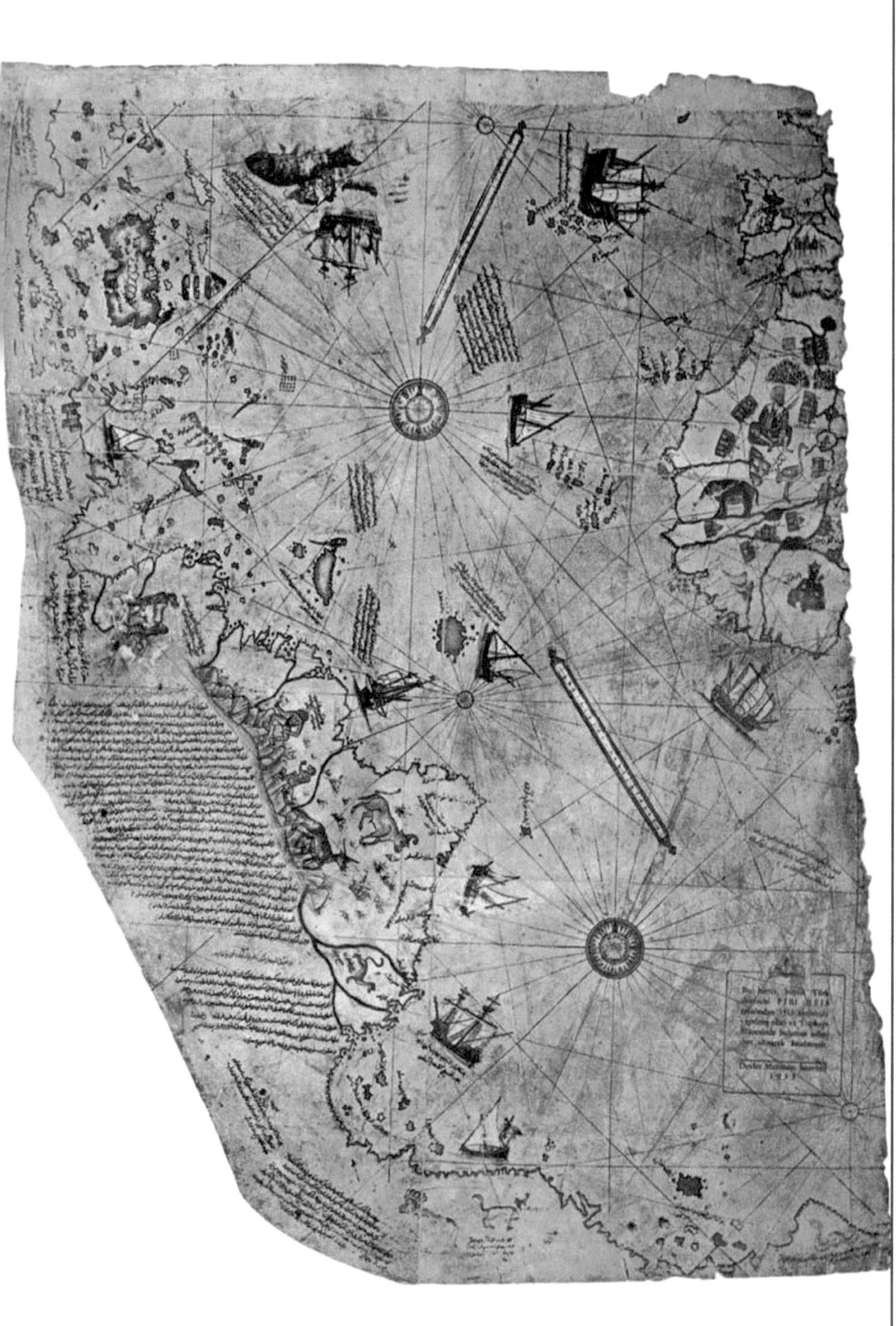

Abb. 166

Piri-Reis Seekarte 1513

Sea chart of Piri-Reis 1513

Überlegungen aus geschichtlicher sowie maritimer Perspektive

Die Piri-Reis-Seekarte 1513

Wie Charls H. Hapgood in seinem Werk „Maps of the Ancient Sea Kings; Evidence of Advanced Civilization in the Ice Age" schon aufgezeigt hat, sind diese alten, ungeheuer genauen Seekarten wahrlich viel älter als die uns noch wenigen heute zur Verfügung stehenden „Kopien", wie die von Piri Reis (Tokapi Museum-Istambul) aus dem Jahre 1513 über den Mittel- und Südatlantik. (Abb. 166)

Auf dieser Seekarte sind bereits damals noch „unentdeckte" Länder wie die ganze südamerikanische Ostküste, Patagonien und die Antarktis mit allen Buchten, welche bereits 1517 vereist war, detailgenau kartographiert. Interessant ist auch die Piri Reis-Notiz im linken unteren Teil der Karte in Chile „Hier sind endlose Goldminen zu finden".
Piri Reis, Kommandant der Osmanischen Flotte und Kartograph, schreibt selbst, dass er diese Karte aus vielen alten Seekartenkopien erstellt hat, speziell aus alten Karten aus Hind, also Indien. Piri Reis hat viele Seekarten gezeichnet, aber die oben abgebildete ist wohl die am meisten schockierende. Diese als „Katab-i-Bahriye" bezeichnete Karte zeichnete er, als er 50 Jahre alt war. Diese Karte wurde noch zu seinen Lebzeiten vervielfältigt und weitergegeben.
Diese Karte zeigt die ganze Welt nach einer uns jetzt bekannten Projektionsart; Mercator war da noch nicht einmal geboren. Es ist auch verblüffend, dass diese Karte nur 29

Reflections on historical and maritime perspectives

The sea chart of Piri Reis 1513

As Dr. Hapgood has shown in his book "Maps of the Ancient Sea Kings; Evidence of Advanced Civilization in the Ice Age" some old and incredibly precise sea charts are truly much older than the few "copies" available to us today. An example - Piri Re'is map (Topkapı Museum – Istanbul) from 1513, depicting the central and southern Atlantic Ocean.

On this sea chart hitherto "undiscovered" lands such as the entire eastern coast of South America, Patagonia and Antarctica with all the major bays - covered by ice in 1513 - were precisely mapped. It is also fascinating to find Piri Re'is's comment on the bottom left section of the chart noting re: Chile: "Here, endless gold mines can be found".
Commander of the Osman Fleet and cartographer, Piri Re'is, himself, notes that he has produced this map from many copies of older sea charts, in particular from old charts from Hind, also known as India.
Piri Re'is drew many sea charts, but the chart depicted above is bound to be the most shocking one. He drew this chart, known as "Katab-i-Bahriye", at the age of 50, and it was reproduced and passed on in his lifetime. It shows the entire world in a projection that is known to us today – although it was made at a time when Mercator had not even been born. It is also astounding that this chart was drawn only 29 years after Columbus' discovery of America.

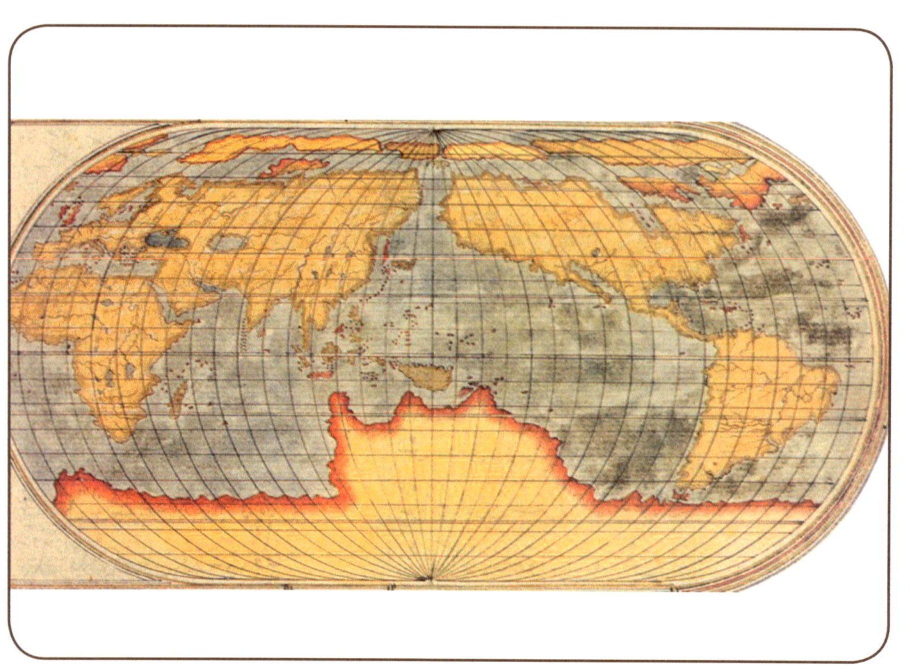

Abb. 167

Piri-Reis Weltkarte 1517

World chart of Piri-Reis
1517

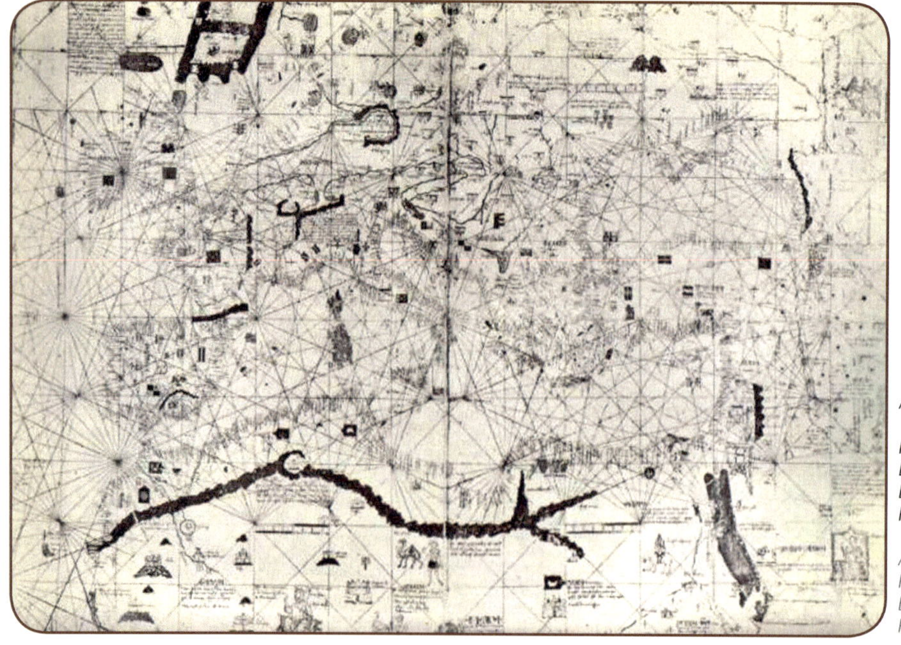

Abb. 168

Portolan des Angelino
Dulcert,1339 (ResGe B 696,
Bibliothèque National de
Paris

Agostino Dulcert's
Portolan, 1339,
Bibliothèque Nationale de
Paris

Jahre nach Kolumbus' „Entdeckung" Amerikas gezeichnet worden ist. (Abb. 167)

Das Dulcert-Portolano 1339

Die Seekarte des Agostino Dulcert aus dem Jahre 1339, besser bekannt als das „Portolano Dulcert", weißt eine ungeheure Parallelität zu den von mir vermessenen Navigationsstrahlen auf, speziell deren Ausgangspunkte wie der Knotenpunkt am Cabo de Leucca in Apullien und die Strahlenbahnen von Malta und Sardinien. (Abb. 168)

Im Dezember 2006 konnten wir ein Faksimile der Originalseekarte in der Kartensammlung der Österreichischen Nationalbibliothek in Wien einsehen und auch ein Faksimile in A0 auf Papier und CD erwerben, sodass es mir möglich war, in Ruhe die von uns gemessenen Adern-Navigationslinien aus dem Dulcert-Portolano herauszuarbeiten. Es konnten eindeutig folgende eingezeichnete Linien als Adernnetzwerke verifiziert werden.
Hier ein Ausschnitt des Dulcert-Portolano mit den eingezeichneten Portolanos sowie Strahlennetzen. (Abb. 169/170)

Sich deckende Linien sind:
· Anse de Argent/Antibe Festland nach Golf de Saint Florent
· Anse de Argent/Antibe Festland nach Punto di Rivellata/Calvi
· Rade de Hyere/Punta di Canelle, Korsika
· Allistro/Korsika nach Cala di Forno, italienisches Festland
· Olbia/Sardinien nach Cala di Forno
· Olbia/Sardinien nach Golfo di Palermo/

Dulcert's Portolan 1339

Agostino Dulcert's sea chart from 1339, commonly referred to as the "Portolano Dulcert", bears an uncanny resemblance to the navigation veins that I measured, particularly to the points of origin such as the point of intersection on the Cabo de Leucca in Apulia and the vein channels of Malta and Sardinia.

In December, 2006 we were able to examine a facsimile of the original sea chart in the map collection at the Austrian National Library in Vienna. We also purchased a facsimile in DIN A0 format on paper and on CD. So I was in a position to take my time and work out whether the navigation veins we had measured corresponded to the "Portolano Dulcert". We could positively confirm the following marked lines as part of the network of navigation veins:

A section of the Portolano Dulcert with the Portolan grid as well as the radiation grid marked.

The overlapping lines include:
· *Anse d'Argent, Antibes mainland at the gulf of Saint Florent, mainland France*
· *Anse d'Argent, Antibes mainland at the Punto di Rivellata, Calvi, Corsica*
· *Rade d'Hyères to Punta di Canelle, Corsica*
· *Allistro, Corsica to Cala di Forno, mainland Italy*
· *Olbia, Sardinia to Cala di Forno, mainland Italy*
· *Olbia, Sardinia to the gulf of Palermo, Sicily*
· *Cabo di Carbonara to the island of Favignana*

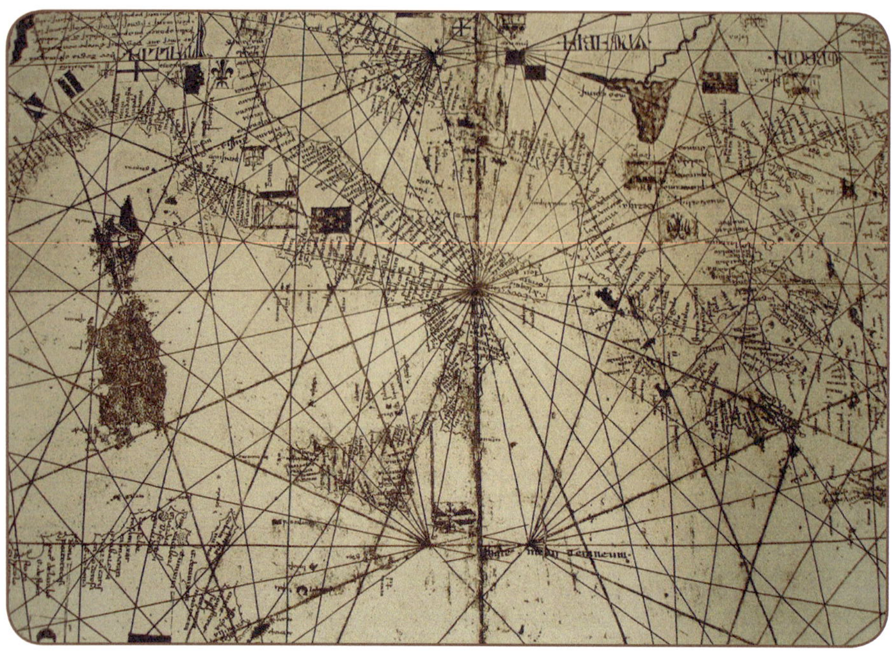

Abb. 169

Detail des Portolan-Dulcert
Zentrales Mittelmeer

Detail of Portolan-Dulcert,
Central Mediterranean

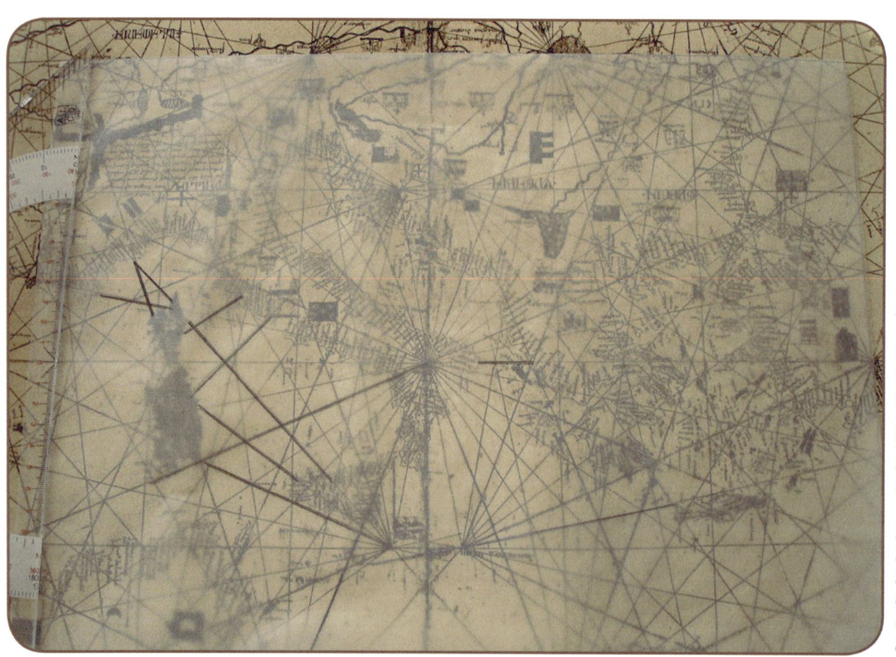

Abb. 170

Hier sehen Sie die von mir ausgemessenen Navigation-Strahlenbahnen, welche sich mit den von Dulcert auf seiner Karte eingezeichneten exakt decken.

Here you can see that the navigation vein channels I had measured correspond exactly to the ones marked by Dulcert on his chart.

Sizillien
· Cabo di Carbonara/Favigana
· Cabo di Carbonara nach Canale di Malta/ Kreuzungspunkt N36.18. 37/E 13.51.66
· Passero/Malta
· Agio Patarini/Corfu/Orthonoi/Capo di Lecca (Abb. 170/171)

Diese Übereinstimmung mit der erst am 15. Jänner 2007 erhaltenen Seekarte und der von uns bereits im Sommer 2006 gemessenen Navigations-Adernlinien ist schon sehr verblüffend. Hier sehen Sie eine Transparentkopie des Dulcert-Portolano mit den von Dulcert eingezeichneten Linien. Die stark eingezeichneten Linien decken sich fast zu 100% mit den von mir anlässlich der Forschungsfahrt im westlichen Mittelmeer 2007 gemessenen.

Für die weitere Zukunft stehen jetzt die genauen Untersuchungen der bekannten Steinkreise mit Raetiasteinsetzungen an der Westküste von Sardinien und Korsika an. Diese von Charls H. Hapgood und seinem Team untersuchte Seekarte wurde in das Mercator-System umgerechnet und dabei wurde herausgefunden, dass die Abweichungen zu heutigen GPS-Koordinaten max. 0,5–1,5 Grad betragen. Auch wurde von seinem Team nachgewiesen, dass diese Seekarte eine Reproduktion alter Karten sein musste, da die Koordinaten der meisten bekannten Städte mit Sicherheit von Mercatorprojektionen in das damals übliche Portolano-System umgerechnet wurden. Das heißt aber auch, dass die Mercatorprojektion bereits schon viel früher bekannt gewesen sein muss, wie man auch auf der Weltkarte des Piri Reis aus dem Jahre 1547 ersehen kann.

The 1587 Matinez chart of Sicily

The Portolan projection

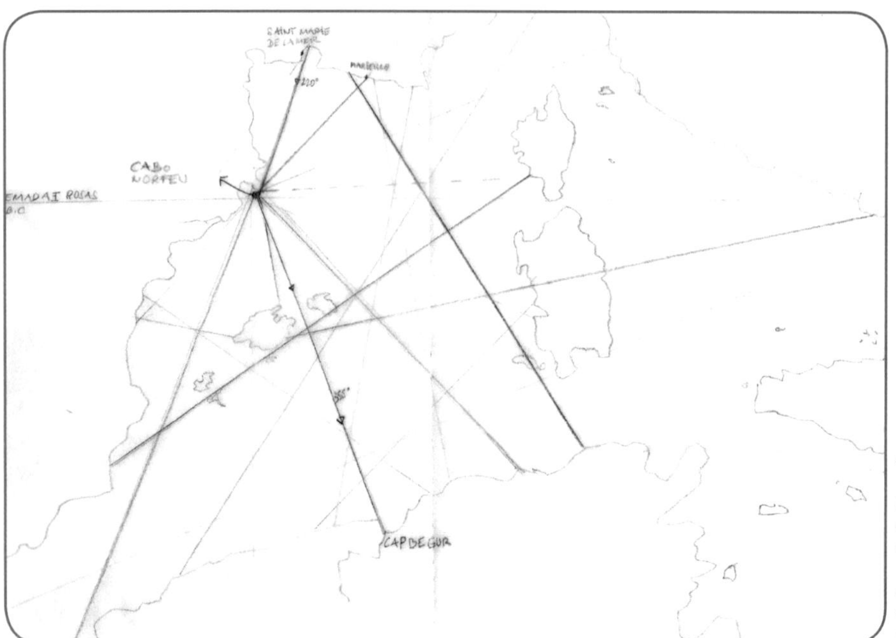

Abb. 171

Navigationslinien westl. Mittelmeer deckungsgleich mit Dulcert Portolan

Navigationveins Med West same as in the Dulcert Portolan

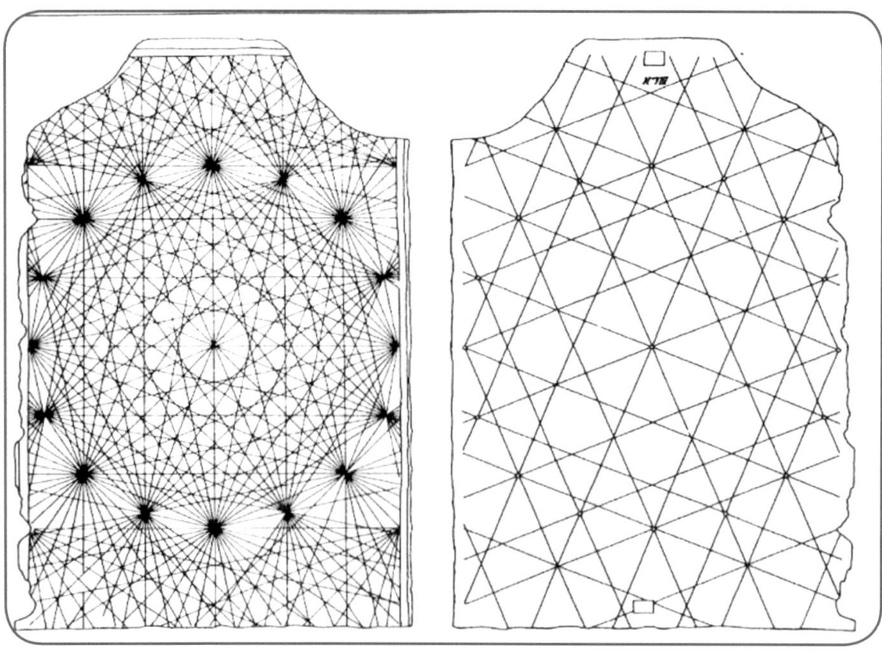

Abb. 172

Konstruktionsgrundlagen des Portolan von A. Benincasa, 1508; Bibloteca Vaticana

Construction fundamentals of the Portolan of A. Benincasa, 1508; Vatican library

Die Martinez-Karte von Sizilien 1587

Auf der Seekarte von Martinez ersieht man ebenfalls genau die von uns gemessenen Adernlinien, welche vom Zentrum des ehemaligen Neapolis bei Syracusa ausgehen und genau die von uns gesegelten Kurse widerspiegeln.

Die Portolan-Projektion

Die in den Portolan-Projektionen üblichen 16- oder 32-adrigen Strahlenrädern sowie die 12-Winde-Systemprojektion ist auch hier erkennbar, aber zudem sind noch andere Linien von Dulcert eingetragen worden. Also könnte es sein, dass die auf alten Portolan-Seekarten eingezeichneten Strahlenbahnen, welche sich ja mit den von uns entdeckten decken, von uralten Seekarten kopiert wurden, ohne vielleicht ihre wahre Funktion zu verstehen. (Abb. 172)

Die Vorderseite links zeigt die Anordung der „Windrosen" und Rumbenlinien. Die Rückseite (rechts) zeigt mit den kleineren Kreisen in den Knotenpunktes des Netzes die Durchstichlöcher für die Übertragung der Rückseitenkonstruktion auf die Portolan-Vorderseite. (Abb. 167) Aus: Dürst, A.: Seekarte des Andrea Benincasa, Stuttgart, Besler 1984 (Faks), S. 19 sowie das Portolan von I. Raynaund-Nguyen Es ist anzunehmen, dass diese uns bisher unbekannte Kultur, welche um die Kraft und Fähigkeit der „Raetiasteine" wusste, erstklassige Kartographen sowie Seefahrer und Bootsbauer hervorbrachte, ansonsten das ganze auch keinen Sinn machen würde.

The Kangnido World Map from 1402

This Korean map was drawn on silk by Kim Sa-hyeong, Yi-Mu and Yi Hoe in 1402. Its dimensions are 158.5 by 168 cm.
We can clearly make out Africa on the left with the Cape of Good Hope, the Red Sea in the centre and India and Korea on the right.

The Fra Mauro Map of 1459

This map was drawn by the Venetian monk Fra Mauro from 1457 to 1459. Fra Mauro and the navigator Andrea Bianco finished this detailed chart on April 24, 1459 and handed it over to

Abb. 173

Schiffdetails aus Fra
Mauros Karte

Details of the ship from
Fra Mauro's chart

Abb. 174

Kangnido-Weltkarte von
1402

Kangnido World Map from
1402

Die Kangnido-Weltkarte von 1402

Diese Karte stammt aus Korea und wurde im Jahre 1402 von Kim Sa-hyeong und Yi-Mu und Yi Hoe gezeichnet. Diese Karte wurde auf Seide gezeichnet und ist 158,5 x 168,0 cm groß. Afrika ist links erkennbar mit dem Kap der Guten Hoffnung, in der Mitte das Rote Meer und rechts Indien und Korea. (Abb. 174)

Die Fra Mauro-Karte 1459

Die Fra Mauro-Karte wurde in den Jahren 1457 und 1459 vom venezianischen Mönch Fra Mauro gezeichnet. Diese detailgenau Karte wurde von Fra Mauro und dem Navigator Andrea Bianco am 24. April 1459 fertiggestellt und ihrem Auftraggeber, dem König von Portugal Alfonso V, übergeben. Dieses Original bleibt verschollen, aber Fra Mauro hatte noch vor seinem Tode ein Jahr darauf eine Kopie begonnen, welche Andrea Bianco fertigstellte und dem Dogen von Venedig übergab. Diese zweite Karte wurde im Kloster der Insel Murano entdeckt und ist heute in der Biblioteca Nazionale Marciana Venicia zu sehen. Überraschend ist auf dieser Karte die Detailgenauigkeit speziell im asiatischen Teil bis Japan sowie bis Kamtschaka und den Buchten der Nordostpassage. Woher hatte Fra Mauro damals diese Informationen, von welchen Karten wurden diese Details kopiert? Auffallend ist auch Fra Mauros Kartennotiz neben der in der Karte am Kap der Guten Hoffnung gezeichneten „Asiatischen Dschunke", welche möglicherweise zu Admirals Zheng He Expeditionsflotte aus China im Jahre 1420 gehört hatte, also nur 39 Jahre vor der Fertigstellung dieser Karte. (Abb. 173)

the king of Portugal Alfonso V. The original map remains lost, but shortly before his death Fra Mauro, had begun to produce a copy one year after the original was finished. It was later finished by Andrea Bianco and handed over to the Doge of Venice.

This copy was discovered in the monastery on the island of Murano and is on display today at the Biblioteca Nazionale Marciana in Venice. What is very surprising about this map is the attention to detail, particularly in the Asian part of the chart from Japan to Kamchatka and the bays of the North-East Passage.

Where did Fra Mauro get this information from in those days? From which maps could he have copied such details?

Another remarkable detail is Fra Mauro's note on the chart, right next to the Asian junk depicted near the Cape of Good Hope. This ship may have belonged to Admiral Zheng He's expeditional fleet from China in 1420, just 39 years before this chart was finished!

He describes the Asian junk in surprising detail here - with four masts or more and with 40 to 60 cabins for merchants and just a single rudder, naming it "Zonchi" in Latin. "They could navigate without a compass as they had an "astrologer" on board to inform the captain of the correct course."

Megalithic sites in india

The many megalithic stone circles and stone rows as well as graves with escape holes for the souls in southern India are most interesting. These structures are surprisingly similar to European ones in their arrangement, buil-

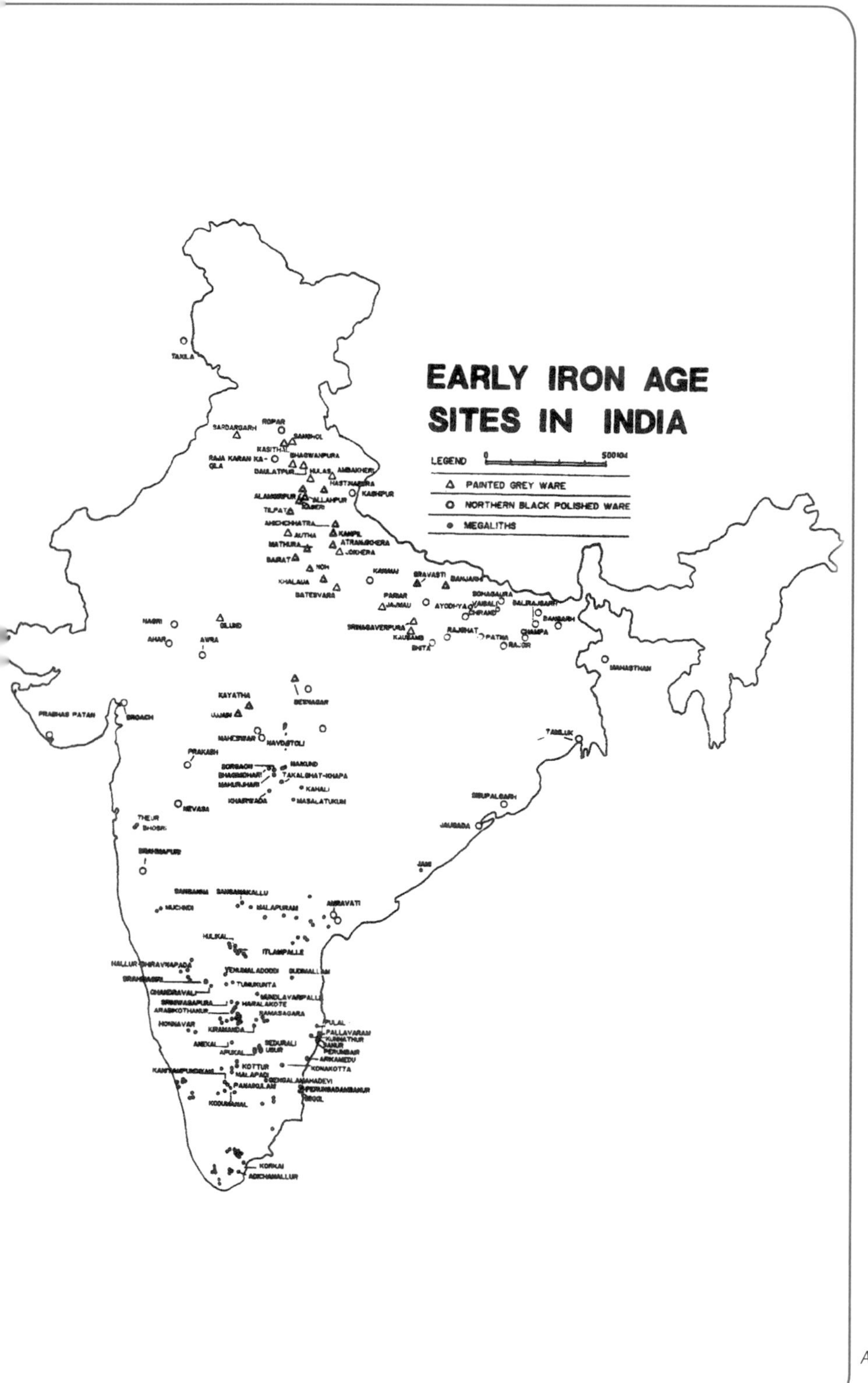

EARLY IRON AGE
SITES IN INDIA

LEGEND   0   500 KM
△ PAINTED GREY WARE
○ NORTHERN BLACK POLISHED WARE
● MEGALITHS

TAXILA
SARDARGARH
ROPAR
SAMBHOL
KASITHAL
RAJA KARAN KA-GLA
BHAGWANPURA
DAULATPUR
HULAS
AMBAKHERI
HASTINAPURA
ALAMGIRPUR
JAJJHAR
ALLAHPUR
KASIPUR
TILPAT
AHICHCHHATRA
AUTHA
KAMPIL
MATHURA
ATRANJIKHERA
JORHERA
BAIRAT
NOH
KHALAUA
KARNAL
SRAVASTI
BANJARH
BATESVARA
PARIAR
JAJMAU
AYODHYA
KAUSAMBI
SOHAGAURA
BALIRAJGARH
CHIRAND
BANGARH
NAGRI
GILUND
AHAR
AVRA
SRINGAVERPURA
RAJGHAT
PATNA
CHAMPA
KAUSAMB
BHITA
RAJGIR
MAHASTHAN
KAYATHA
BESNAGAR
UJJAIN
PRABHAS PATAN
BROACH
MAHESWAR
NAVDATOLI
TAMLUK
PRAKASH
SONGAON
NAKUND
BHAGIMOHARI
TAKALGHAT-KHAPA
MAHURJHARI
KAHALI
KHAIRWADA
MASALATURAM
NEVASA
THEUR
BHOSRI
SISUPALGARH
BRAHMAPURI
JAUGADA
JAMB
SANGANAKALLU
MUCHKDI
MALAPURAM
AMRAVATI
MASKI
ITLAMPALLE
HALLUR
SHIRAVKAPADA
BRAHMAGIRI
TCHUMALADODDI
BUDIHALLAM
CHANDRAVALI
TUMUKUNTA
SRINIVASAPURA
MANDLAVARIPALLE
ARABIKOTHANUR
HARALAKOTE
RAMASAGARA
HONNAVAR
KIRAMANDA
PULAL
PALLAVARAM
ANEKAL
KUNNATHUR
SEDURALI
SANUR
APUKAL
USUR
PERUMBAIR
ARIKAMEDU
KOTTUR
KONAKOTTA
KANTAMPUNDRAM
MALAPADI
VENGALA MAHADEVI
PANARGALAM
PERUMBADAMBAKUR
KODUMANAL
TIRUGAL
KORKAI
ADICHANALLUR

Abb. 175

Zeichnung V.N. Misra

Er beschreibt diese asiatische Dschunke auffallend genau in dieser Karte lateinisch als „Zonchi" mit vier Masten oder mehr und mit 40–60 Kabinen für die Kaufleute und nur einem Ruder. „Sie konnten ohne Kompass navigieren, denn sie hatten einen ‚Astrologen' an Bord, welcher dem Kapitän den richtigen Kurs mitteilte."

Meghalitische Plätze in Indien

Interessant sind die vielen Steinkreise und Steinreihen sowie Gräber mit Seelenlöchern in Südindien. Diese Anlagen sind den europäischen verblüffend ähnlich, in der Anordnung, Bauweise sowie Anzahl der stehenden Steine. Speziell in Tamil Nadu und Kerala sind diese ebenfalls zur gleichen Zeit wie im Alpenraum errichteten Steinkreise, also ca. 4000 B. C., zufinden. Die Forschungen über diese Steinkreise stammen hauptsächlich vom indischen Professor V. N. Misra (Abb.175) aber auch von Dr. Eike-Olaf Tillner aus der Schweiz (Antike Welt 2/2004) und dem Österreicher Lothar Wanke, dem Österr. Feldbildermusuem von Ernst Burgstaller in Spital am Pyhrn. (Abb. 178)

Speziell hervorzuheben ist der wunderbare Megalithbau von Mallelabanda, circa 260 km nordwestlich von Chennai (Madras) gelegen, welcher aus stehenden roten Granitscheiben in Form einer Jasminblüte errichtet wurde. Der zweite ähnliche Megalithbau ist ebenfalls aus Steinscheiben in Iralabanda (1880 entdeckt von B. R. Branfill) mit doppelten Pforten Seelenlöchern errichtet worden. Anlässlich meiner Reise im Frühjahr 2007 nach Tamil Nadu und

ding style as well as the number of upright stones. These stone circles, erected during the same period as their counterparts in the Alps, i.e. about 4,000 BC, can be found particularly in Tamil Nadu and Kerala.

Research on these stone circles has been done mainly by the Indian professor V.N. Misra as well as by Dr. Eike-Olaf Tillner from Switzerland (Antike Welt 2/2004) and the Austrian Lothar Wanke along with Prof. Ernst Burgstaller's Austrian Museum on Field Images (Feldbildermuseum) in Spital am Pyhrn, Austria.

The wonderful megalith complex of Mallelabanda deserves special mention. It lies approximately 260 km north-west of Chennai, Madras and was built with red, upright granite slabs in the shape of a jasmine blossom. Discovered in 1880 by B.R. Branfill at Iralabanda, a second similar megalithic structure, equally made from stone slabs, was erected with double gateways to allow escape of the souls.
During my trip to Tamil Nadu and Kerala in the spring of 2007, I happened to feel a strong vein in the museum of Madurai which I was able to verify immediately with the pendulum. It lead me to an adjoining room containing two display cabinets exhibiting Raetia stones as well as old stone disc pendulums, just like the one worn by Ötzi.
The very strongly radiating Raetia stones, which had inadvertently been laid out in a row, radiated through the thick stone walls into the interior courtyard.

Abb. 176

Raetiasteine im Museum
von Madurai-Tamil Nadu

Raetia stones in the
museum of Madurai, Tamil
Nadu

Abb. 177

Pendelscheiben-Museum
von Madurai-Tamil Nadu

Pendulum discs in the
museum of Madurai, Tamil
Nadu

Abb. 178

Mallelabanda

Kerala konnte ich zufälligerweise im Museum von Madurai eine starke Ader spüren und gleich mit dem Pendel verifizieren. (Abb. 171/172) Sie führte mich in einen Nebenraum, in welchem in zwei Schaukästen Raetiasteine sowie alte Steinpendelscheiben, gleich der von Ötzi mitgeführten, ausgestellt sind. Die sehr stark strahlenden Raetiasteine, welche unbewusst in einer Reihe im Schaukasten gelegt wurden, strahlten durch die dicken Steinmauern bis in den Innenhof hinaus.

Zeiträume

Wenn wir das Wort prähistorisch in den Mund nehmen, heißt es aufpassen.

Bisher umschrieben wir damit die Zeit um ca. 3500 Jahren vor Christus. Nach den letzten Forschungen und Ausgrabungen in Nabta/Ägypten sowie Göbekli Tepe/Irak sowie der Entdeckung der großen Stufenpyramide in Bosnien im Juni 2006, kommt das bisherige Datierungsgerüst stark ins Wanken und nur mehr, um die Worte Prof. Robert M. Schoch, Boston University, zu gebrauchen, „debunkers" verteidigen dies weiterhin tapfer. Ganz besonders wichtig ist die Forschungsarbeit und Grabung in Nabta Playa, einen Steinkreis inmitten der ägyptischen Sahara, ungefähr 200 km westlich Assuans, welche erstmals 1973 vom deutschen Archäologen Fred Wendorf entdeckt worden ist. Dieser Steinkreis spiegelt genau das Sternenbild des Orion wider, und zwar mit einer Genauigkeit, welche umwerfend ist. Aufbauend auf den Grabungsergebnissen und GPS-Positionsvermessungen von Wendorf schrieben die amerikanischen Wissenschaftler Thomas G. Brophy, Robert M. Schoch und

Time periods

We must be careful when using the term "prehistoric". Until now it was used to describe the time period referring to about 3,500 years before Christ. After the latest research and excavations in Nabta, Egypt, as well as Göbekli Tepe, Iraq and the discovery of the large step pyramid in Bosnia in June 2006, our prior framework for dating things has become shaky and, to use the words of Prof. Robert M. Schoch, Boston University, only "debunkers" bravely continue to defend it.

The research and diggings at Nabta Playa in the midst of the Egyptian Sahara, about 200 km west of Aswan are of paramount importance. Discovered for the first time by the German archaeologist Fred Wendorf in 1973, this stone circle precisely replicates the stellar constellation of Orion, and this with stunning precision.

Taking Wendorf's excavation results and confirmed GPS positions, American scientists Thomas G. Brophy, Ph.D., a physicist, Robert M. Schoch, Ph.D., Boston University and John A. West, Ph.D., an Egyptologist wrote a groundbreaking book "The Origin Map" about the astro-physical stone map of Nabta. It was clearly demonstrated that this stone circle, irrespective of whatever culture built it, replicates the constellation of Orion; and this for the time periods of 4900 BC, 6400 BC and 16,500 BC!!!

A culture, which must have had not only the knowledge to replicate the exact position of a stellar constellation, but also its distance - only recently possible for us to do due to

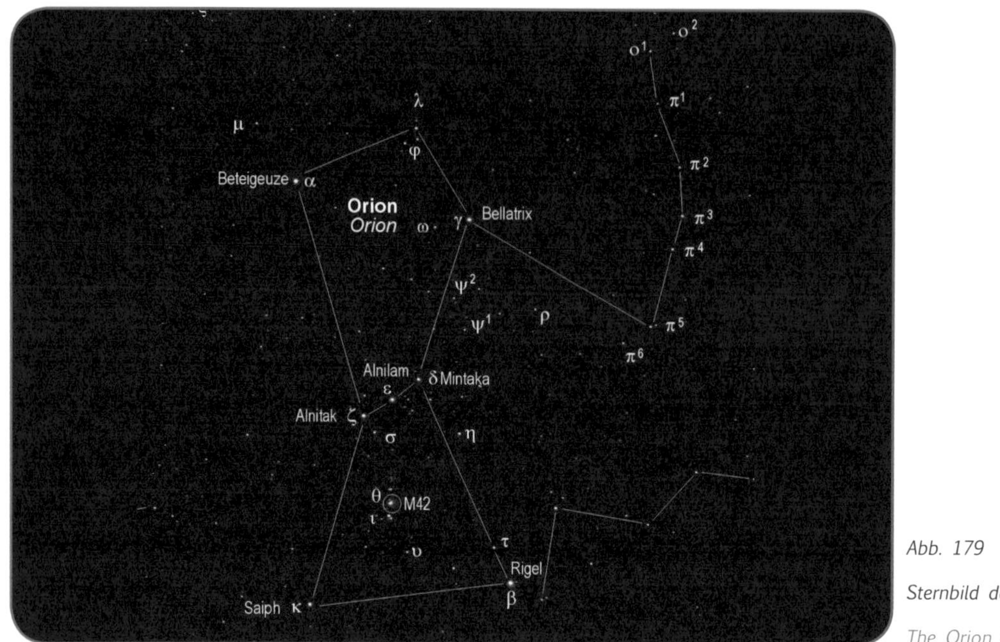

Abb. 179

Sternbild des Orion

The Orion belt

John A. West, eine bahnbrechende Arbeit „The origin Map" über die astrophysikalische Steinkarte von Nabta. Es wurde klar bewiesen, dass dieser Steinkreis, von welcher Kultur immer auch errichtet, das Sternbild des Orion spiegelt und zwar in den Zeiträumen 4900 B.C, 6400 B.C und 16.500 B.C !!! (Abb. 179/180) Eine Kultur, welche bereits vor 18.500 Jahren über ein Wissen verfügt hat, nicht nur die genaue Position dieses Sternbildes widerzugeben, sondern auch die Entfernung, welche uns erst seit kurzem durch die Satelliten-Vermessung möglich ist, hat sicherlich auch über ein großes Wissen über die Erde verfügt. Interessant ist ebenfalls, dass die in diesen Zeiträumen am gleichen Platz aufgestellten Menhire zeitlich ja sehr weit auseinanderliegen. Die von Brophy aufgestellte These, dass diese Anlage in den Zwischenzeiten eben nur gewartet wurde und dann zu Hochkulturperioden erneuert bzw. ausgebaut worden ist, hört sich logisch an.

Wenn man in diesen Zeiträumen die gewaltigen klimatologischen Änderungen und den dadurch stark schwankenden Intellekt der jeweiligen Kulturen in Betracht zieht, könnte es so gewesen sein. Sehr überraschend ist auch, dass in der „Steinplatten-Skulptur der Milchstraße", welche in Nabta von Weldorf entdeckt wurde, nicht nur das genaue Galaktische Zentrum vor 17.700 Jahren vermerkt ist, sondern auch die Spiralarme der Milchstraße und die erst 1994 entdeckte Sagitterius Dwarf Galaxy eingezeichnet ist.

Es könnte daher sein, dass die von uns entdeckten megalithischen Stein-GPS-Anlagen schon vor 18.000 Jahren errichtet worden sind

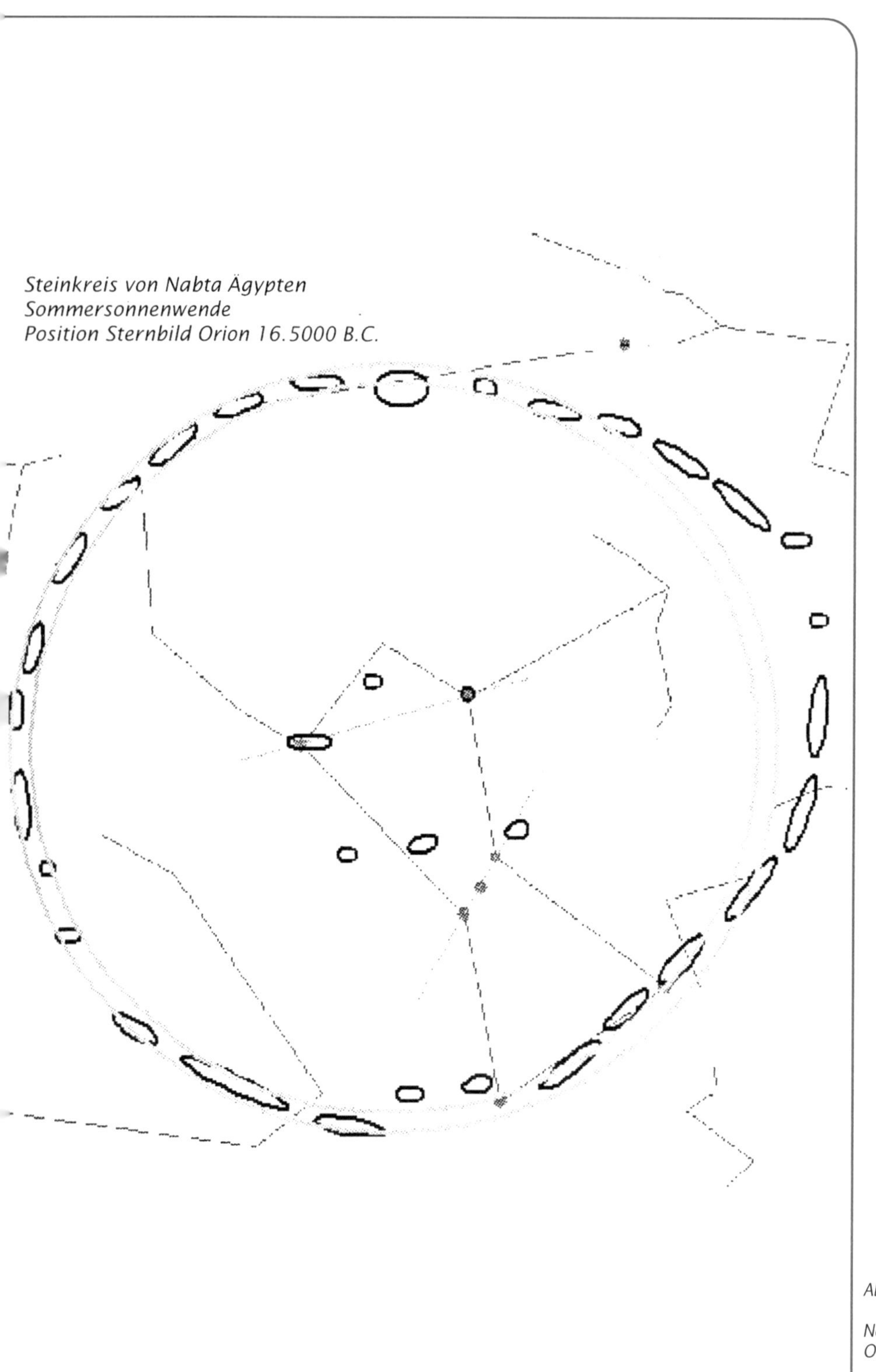

Abb. 180

Nachgebildet aus „The Origin Map"

Reproduction based on "The Origin Map"

und durch die Überlieferung bis in die Raetische Zeit überdauert haben und erst nachher vergessen wurden.

Der berühmte Faden riss wieder einmal.

Zeiträume, in welchen megalithische Bauwerke errichtet wurden:

Ägypten 16,500 BC
Irak 12,000 BC
Palestina 9,000–2,000 BC
Schweiz, Österreich, Italien 4,800–3,600 BC
Frankreich 4,500–2,000 BC
Malta 4,000–2,000 BC
Spanien 4,000–2,000 BC
Senegal 3,800 BC
Holland, Deutschland, Skandinavien 3,500–2,000 BC
Irland and England 3,500–200 BC
Indien 3,500 BC
Südafrika 3,200 BC
Korsika 3,000–1,000 BC
Sardinien 3,000–600 BC

Oft tauchte in Diskussionen die Frage auf, ob es nicht die alten Ägypter gewesen sein könnten, welche dieses System aufgebaut haben. In den Zeiträumen, aus welchen die von uns gefundenen Steinsetzungen stammen dürften (3600–4200 B.C.), bildeten sich in Ägypten gerade zwei Königreiche, Unterägypten im Nildelta und Oberägypten im Niltal. Zum Ende des 4. Jahrtausends werden beide Königreiche von Pharao Menes vereinigt. Dass zu dieser Zeit auf ein so großes maritimes Wissen zurückgegriffen werden konnte und der Bootsbau so fortgeschritten war, um dieses Navigationssystem zumindest im Mittelmeer aufzubauen, kann eher verneint werden. Da

The question often arises during discussions as to whether it couldn't have been the ancient Egyptians who erected this system. The stone arrangements we discovered are probably from the period around 4,200-3,600 BC. During this era two kingdoms were being formed in Egypt: Lower Egypt in the Nile Delta and Upper Egypt in the Nile Valley.

These two kingdoms were united by Pharaoh Menes at the end of the fourth millennium. It is doubtful whether such extensive maritime knowledge could be drawn upon at that time or whether ship building was far enough advanced to set up this navigation system, at least in the Mediterranean.

It seems more plausible that another ancient and advanced culture - unknown to us - with a lot of experience at sea, assembled this basic system.

Sea Levels in the mediterranean in the holocene period

For our research it is very important to realize that the sea level in the Mediterranean has

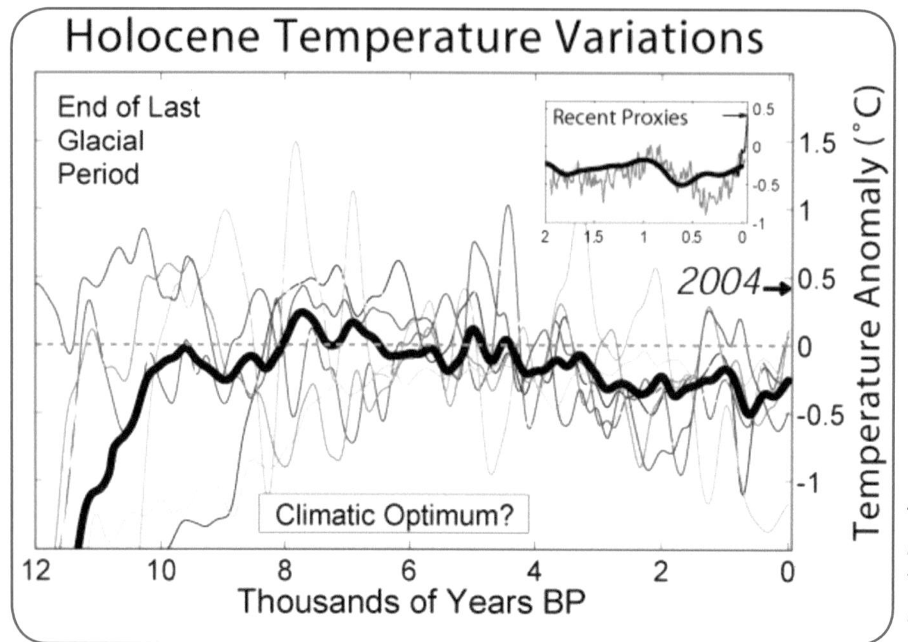

Abb. 181

Holocene Temperatur Schwankungen

Holocene Temperature Variations

wäre es eher denkbar, dass eine uns unbekannt, weit zurückliegende Hochkultur mit großer See-Erfahrung, dieses Grundsystem verlegt hatte.

Meereshöhen im Mittelmeer im Holocene

Eine sehr wichtige Erkenntnis für unsere Forschungen ist, dass sich der Wasserstand im Mittelmeer in den letzten 5000 Jahren nur um 1,5 m geändert hat. Das heißt, die von uns gefundenen Adernsterne und Raetiasteinsetzungen, speziell in den Grotten von S. Maria de Leucca/Apullien und Favigana/Sizilien, sind deshalb noch so stark und aktiv, da sich diese nur knapp über der Meeresoberfläche befinden und wahrscheinlich durch diese verstärkt werden. Wir vermuten, dass die Meeresoberfläche wie ein riesiger Resonanzkörper für die Wellen der Raetiasteine wirkt und diese wahrscheinlich noch verstärkt. Diese Vermutung muss aber erst noch durch genaue Versuche untersucht werden.

Hier sehen Sie die Änderungen des Meeresspiegels weltweit bis 8000 B.C., wobei es aber größere Unterschiede zwischen dem Pazifik und dem Atlantik gibt. Dies ist für unsere Forschung ein sehr wichtiger Aspekt, denn daher ist es auch möglich am Ende der Navigations-Adernbahnen von See aus an Land kommend, dort verlegte Raetia - Steinsetzungen zu finden, siehe Capo Leucca, Insel Favigana, Passero, Selinunte etc. (Abb.181/182)

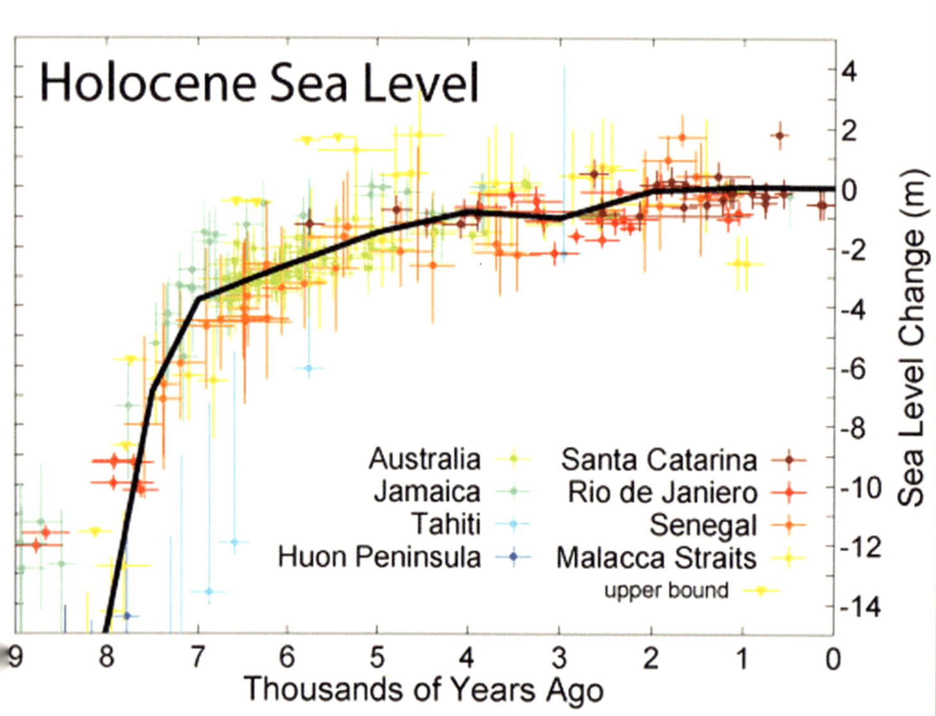

Abb. 182

Design Robert A. Rhode –
Global Warming ART.com

Noch lange ist ein Ende nicht abzusehen über die Eigenschaften der Raetiasteine, fast jeden Monat eröffnet sich uns etwas Neues.

Jetzt hoffen wir sehr auf die Mitarbeit anderer Radiästheten sowie der Wissenschaft im Allgemeinen. Auch müssen wir andere Radiästheten in das System der Raetiasteine einführen und schulen, damit weltweit nach den Anlagen gesucht werden kann. Dies wird in regelmäßigen Abständen am Adernsternkreis in Bürs/Vorarlberg stattfinden. Es sollte in kürzester Zeit ein weltweites Suchnetz aus interessierten Rutengehern und Pendlern aufgebaut werden, speziell in ganz Europa sowie Nord- und Südamerika, Indien, Ozeanien, Afrika und Asien.

Ein offenes Internetforum wurde unter www.stonegps.eu eingerichtet und soll als offenes Forum für alle an diesem Thema Interessierten da sein. Dass diese Adernlinien nicht nur wegen der Navigation von A nach B, sondern auch dem punktgenauen Erreichen von Kultplätzen und Siedlungen errichtet wurden, ist wahrscheinlich nur ein Teil des Ganzen.

Thomas Walli
2006/2008

ween the Pacific and Atlantic Oceans. For our research this is a very important aspect, for this makes it possible to find Raetia stone arrangements at the end of navigation vein channels when coming from the sea towards land, such as we did at Capo Leucca, the island of Favignana, Passero, Selinunte etc.

Currently, no end to discovering new aspects of Raetia stones is in sight; something new comes up nearly every month.

We are placing a lot of hope in cooperation with other radiesthetics, as well as in science as a whole. We must also initiate other radiesthetics into the system of Raetia stones and train them, so we can search for structures all over the world. Meetings will take place at regular intervals at the vein star circle in Bürs, Vorarlberg, Austria.

At this very time, Mr. Pirchl is working on plans to erect a training centre there, along with an observatory. Within a very short time, we should establish a research network of interested dowsers and pendulum users, particularly all over Europe as well as North and South America, India, Oceania, Africa and Asia.

We are currently creating an open internet forum, intended to serve as an open data base on this subject. The fact that these radiation vein lines were not only arranged to enable navigation from A to B, but probably to pinpoint and to reach cult places and settlements, is probably only a small part of the whole.

Thomas Walli
2006/2008

Forschungsarbeit Gerhard Pirchl 2006 bis heute

In den Jahren 2006 bis heute sind zahlreiche neue Eigenschaften der Raetiasteine von Gerhard Pirchl erforscht worden. Dazu kommen Versuchsreihen an verschiedenen Universitäten und Instituten. Wissenschaftler aus Europa und den USA beschäftigen sich inzwischen damit, die Strahlungsart und deren Frequenz festzustellen, um geeignete technische Messgeräte zu bauen.

Inzwischen kann man mit der Kraft der Raetiasteine Störfelder von Wasseradern, Handymasten, Funksendern, Trafostationen und LED-Lampen entstören, das Feldlinienmuster der Raetiasteine wurde inzwischen von Gerhard Pirchl genau erforscht und dokumentiert. Für alle an dieser umfangreichen Forschungsarbeit Gerhard Pirchl Interessierten gibt es eine umfangreiche Dokumentation
„Die physikalischen Effekte der Raetiasteine"
von Gerhard Pirchl 2007/08 Farbdruck, gebundene Ausgabe, Din A4, 140 Seiten
Zu beziehen direkt beim Herausgeber Gerhard Pirchl *g.pirchl@vol.at*
und über die Homepage: *www.stonegps.eu/Bücher/Order*

Schlussbemerkung und Dank

Ich möchte mich an dieser Stelle ganz speziell bei meinem Freund Gerhard Pirchl bedanken, mich in seine Forschung eingeführt und mir damit die Möglichkeit gegeben zu haben, dieses enorme Navigationssystem im Mittelmeerraum zu erforschen. Dank auch für seine spezielle Fähigkeit und Art, interessierten Menschen äußerst geduldig das Raetiastein-Phänomen zu erklären und diesen dann das Strahlenmuster näherzubringen. Für die hilfreiche Unterstützung und Hilfe, ohne welche diese Arbeit nicht möglich gewesen wäre, erlaube ich mir an dieser Stelle meiner geduldigen Frau Gabriele zu danken, welche mich auf meinen langen Forschungsfahrten auf See, bei Sonne und bei Sturm, mit all den Schönheiten und Schwierigkeiten eines Schifflebens begleitet hat.

Mein besonderer Dank gilt
Frau Maria Egger, Radiästhetin in Inzing/Tirol für zahlreiche Hinweise
Herrn Prof. Dr. Bartl, Physiker und langjähriger Leiter des CERN-Genf
Herrn Prof. Dr. Bortenschlager, Universität Innsbruck, Botanisches Institut, und seinem Team für die Pflanzversuche
meinen Segelcrews, ohne welche die Langstreckentörns nicht möglich gewesen wären
meiner Schwester Frau Dr. Monika Knofler für ihre Hilfe, eine Originalkopie der antiken Dulcert-Seekarte zu bekommen
Mr. Peter Baumgartner für seine Hilfe und Übersetzung
meiner Tochter Catharina Walli, für die mühsame Arbeit, das Buch in ein modernes Layout zu bringen
und last not least allen jenen hilfreichen Menschen im Hintergrund, welche mich immer wieder ermuntert haben dieses Buch über diese wichtige Wiederentdeckung zu schreiben.

Gerhard Pirchl's Research - From 2006 to Today

Numerous new properties of Raetia stones have been investigated by Gerhard Pirchl from 2006 until today. Add to that experiments conducted at various universities and institutes. At the same time, scientists in Europe and the US are trying to identify the type of radiation and its frequency in order to build appropriate measuring devices.

Meanwhile, the power of Raetia stones can be used to offset the interference caused by water veins, mobile phone pylons, radio transmitters, power substations and LEDs; the pattern of the force field created by Raetia stones has been researched in great detail and documented by Gerhard Pirchl. For all those interested in the results of research conducted by Gerhard Pirchl extensive documentation is available

„The Physical Effects of Raetia Stones"

By Gerhard Pirchl, August 2007, Color Print, Hardcover, Din A4 format, 140 pages

Get your copy directly from the publisher, Gerhard Pirchl, at g.pirchl@vol.at

or via the website: www.stonegps.eu/Bücher/Order

Acknowledgments

Here, I would to extend my particular gratitude to my friend Gerhard Pirchl for having introduced me to his research, thus giving me the opportunity to discover this enormous navigation system in the Mediterranean. Thanks are also due for his special ability and gift of explaining, very patiently, the phenomenon of Raetia Stones to those who are interested and demonstrating to them the pattern of radiation. I also want to thank my patient wife Gabriele, who accompanied me on my long voyages at sea, on sunny and stormy days, sharing all the beauty and hardship that come with life at sea. Without her support and backing this publication wouldn't have been possible.

Special thanks to

Maria Egger, radiesthetic in Inzing, Tirol, for frequent advice

Prof. Dr. Bartl, physicist and longtime head of CERN in Geneva

Prof. Dr. Bortenschlager and his team, Innsbruck University, Botanical Institute, for the plant trials

My sailboat crews, without whom the long distance voyages wouldn't have been possible

My sister, Dr. Monika Knofler for her assistance in obtaining an original copy of the Dulcert sea chart

Peter-Patrick Baumgartner for his support and translation

My daughter Catharina Walli for the painstaking work of getting the book into a modern layout

and last but not least all those helpful people in the background, who encouraged me again and again to write this book about this important re-discovery

Quellen

9-27   Gerhard Pirchl, „Geheimnis Adernsterne, Unterirdische Kraft & Orientierungslinien aus prähistorischer Zeit", Folio Verlag Wien-Bozen, 2004

19   E. Risch, „Raetisch/Etruskisch/Venetianische Alphabetstabelle"

29   Horst F. Preiß, „Erdstrahlen-Energie in Gitter- und Netzstruktur-Forschungarbeit", Geobionic-Verlag, 1995

37   Hans-Dieter Betz, "Unconventional Water Detection", http: HYPERLINK "http://www.scientificexploration.org/jse/articles/betz/1.html"www.scientificexploration.org/jse/articles/betz/1.html

38   Lecher Antenne © Forschungskreis für Geobiologie Dr. Hartmann E.V. HYPERLINK "http://www.geobionic.de"

39   Schneider Reinhard, „Einführung in die Radiaesthesie", Oktogen-Verlag, Wertheim,1993

43   GDV-International, HYPERLINK "http://www.gdvinternational.ch" www.gdvinternational.ch

45   Carpenter, Wikipedia

94   Giovanni Lilliu, „Das Sardinien der Nuraghen", IGDA spa., Novara 1996, „Overview map of Sardinia's megalithic sites"

126   Jim Alison, "The Prehistoric Alignment of World Wonders", http://home.hiwaay.net/~jalison/

127   Zeilinger Anton, „Einsteins Schleier", C.H. Beck, München 2003

127   M. Korte, C. G. Constable, A. Genevey, U. Frank and E. Schnepp, "Continuous geomagnetic field models for the past 7 millennia", Potsdam University, 2005

130   Wikipedia.org –GFDL –GNU free licence

137   Wolfgang Ludwig, Lebensprozesse und Wasser

141   Ken Jordan, University of Pittsburgh, Publications, www.pitt.edu/~jordan

141   Emoto Masaru, „Die Antwort des Wassers", Koha Verlag, 2002

141   Emoto Masaru and Jürgen Fliege, „Die Heilkraft des Wassers", Koha-Verlag, Burgrain, 2003

157   Ernst Probst, Deutschland in der Steinzeit, Jäger, Fischer und Bauern zwischen Nordseeküste und Alpenraum, C. Bertelsmann, 1991

162   HYPERLINK "http://de.wikipedia.org/wiki/Karte_des_Piri_Reis" http://de.wikipedia.org/wiki/Karte_des_Piri_Reis

164   Wikipedia, Piri-Reis Weltkarte

167   Charles H. Hapgood, "Maps of the Ancient Sea Kings", E. P. Dutton, New York, 2nd Edition 1979

167   Charles H. Hapgood, "Evidence of Advanced Civilization in the Ice Age", E. P. Dutton, New York, 1979

170   Wikipedia, Fra Mauro Seekarte

171   Dürst. A., Seekarte des Andrea Benincasa, Stuttgart, Besler 1984

172   V. N. Misra, Early Iron Age Sites in India, Calicut, India, 2001

173   Eike-Olaf Tillner and Lothar Wanke, In: Antike Welt 2/2004

173   Capt. Gavin Menzies, „Als China die Welt entdeckte", Knaur Verlag, Droemer Knaur Verlag, München 2003

175   Ernst Burgstaller, Jahrbuch der Gesellschaft für vergleichende Felsbildforschung, 2001/2002

176   Wenorf Fred," Holocene Settlement of the Egyptian Sahara", Springer-Verlag GmbH, Februar 2008

Abstracts

9-27   Gerhard Pirchl, „Geheimnis Adernsterne, Unterirdische Kraft & Orientierungslinien aus prähistorischer Zeit", Folio Verlag Wien-Bozen, 2004

19   E. Risch, „Raetisch/Etruskisch/Venetianische Alphabetstabelle"

29   Horst F. Preiß, „Erdstrahlen-Energie in Gitter- und Netzstruktur-Forschungarbeit", Geobionic-Verlag, 1995

37   Hans-Dieter Betz, "Unconventional Water Detection", http: HYPERLINK "http://www.scientificexploration.org/jse/articles/betz/1.html"www.scientificexploration.org/jse/articles/betz/1.html

38   Lecher Antenne © Forschungskreis für Geobiologie Dr. Hartmann E.V. HYPERLINK "http://www.geobionic.de"

39   Schneider Reinhard, „Einführung in die Radiaesthesie", Oktogen-Verlag, Wertheim,1993

43   GDV-International,   HYPERLINK "http://www.gdvinternational.ch" www.gdvinternational.ch

45   Carpenter, Wikipedia

94   Giovanni Lilliu, „Das Sardinien der Nuraghen", IGDA spa., Novara 1996, „Overview map of Sardinia's megalithic sites"

126   Jim Alison, "The Prehistoric Alignment of World Wonders", http://home.hiwaay.net/~jalison/

127   Zeilinger Anton, „Einsteins Schleier", C.H. Beck, München 2003

127   M. Korte, C. G. Constable, A. Genevey, U. Frank and E. Schnepp, "Continuous geomagnetic field models for the past 7 millennia", Potsdam University, 2005

130   Wikipedia.org –GFDL –GNU free licence

137   Wolfgang Ludwig, Lebensprozesse und Wasser

141   Ken Jordan, University of Pittsburgh, Publications, www.pitt.edu/~jordan

141   Emoto Masaru, „Die Antwort des Wassers", Koha Verlag, 2002

141   Emoto Masaru and Jürgen Fliege, „Die Heilkraft des Wassers", Koha-Verlag, Burgrain, 2003

157   Ernst Probst, Deutschland in der Steinzeit, Jäger, Fischer und Bauern zwischen Nordseeküste und Alpenraum, C. Bertelsmann, 1991

162   HYPERLINK "http://de.wikipedia.org/wiki/Karte_des_Piri_Reis" http://de.wikipedia.org/wiki/Karte_des_Piri_Reis

164   Wikipedia, Piri-Reis Weltkarte

167   Charles H. Hapgood, "Maps of the Ancient Sea Kings", E. P. Dutton, New York, 2nd Edition 1979

167   Charles H. Hapgood, "Evidence of Advanced Civilization in the Ice Age", E. P. Dutton, New York, 1979

170   Wikipedia, Fra Mauro Seekarte

171   Dürst. A., Seekarte des Andrea Benincasa, Stuttgart, Besler 1984

172   V. N. Misra, Early Iron Age Sites in India, Calicut, India, 2001

173   Eike-Olaf Tillner and Lothar Wanke, In: Antike Welt 2/2004

173   Capt. Gavin Menzies, „Als China die Welt entdeckte", Knaur Verlag, Droemer Knaur Verlag, München 2003

175   Ernst Burgstaller, Jahrbuch der Gesellschaft für vergleichende Felsbilddforschung, 2001/2002

176   Wenorf Fred," Holocene Settlement of the Egyptian Sahara", Springer-Verlag GmbH, Februar 2008

177   Thomas G. Brophy, Robert M. Schoch, John A. West, "The Origin Map", Iuniverse-Verlag September 2002

177   Klaus Schmidt, „Sie bauten die ersten Tempel", C. H. Beck-Verlag, München 2006

182   Robert A. Rhode – www.global warming ART.com

183   C. Morhange, J. Laborel and A. Hesnard, "Changes of relative sea level during the past 5,000 years in the ancient harbour of Marseilles, Southern France", CEREGE, IVF, UFR de Géographie, University of Provence, Aix-en-Provence; Laboratoire de Biologie Marine et d'Ecologie du Benthos, University of Aix-Marseille 2, Marseille

177   Thomas G. Brophy, Robert M. Schoch, John A. West, "The Origin Map", Iuniverse-Verlag September 2002

177   Klaus Schmidt, „Sie bauten die ersten Tempel", C. H. Beck-Verlag, München 2006

182   Robert A. Rhode – www.global warming ART.com

183   C. Morhange, J. Laborel and A. Hesnard, "Changes of relative sea level during the past 5,000 years in the ancient harbour of Marseilles, Southern France", CEREGE, IVF, UFR de Géographie, University of Provence, Aix-en-Provence; Laboratoire de Biologie Marine et d'Ecologie du Benthos, University of Aix-Marseille 2, Marseille

Der Autor

Thomas Walli
geboren 1950 in Innsbruck/Österreich

· Unternehmer & Erfinder,
· zahlreiche Expeditionen:
1970 zu den Pygmäen im Ituri Regenwald-Kongo,
1972 Afghanistan-Whakan, 2 x Sahara-Durchquerung.
1998 4-jährige Umsegelung des Nordatlantik mit dem Forschungssegelschiff „NOVARA" – 80° Nord bis zur Packeisgrenze und Atlantiküberquerung – Venezuela bis Maine.

Sport: Tauchen, Karate, Segelflug, Paragleiten, Hochseesegeln. 2006 Wiederentdeckung eines prähistorischen Navigations-Systems im Mittelmeer.

The authors

Thomas Walli-Knofler, born 1950 in Innsbruck, Austria
·entrepreneur & inventor,
·numerous expeditions:
1970 to the pygmies in the Ituri rainforest, Congo,
1972 Afghanistan, Whakan, 2 x crossing of the Sahara.
1998 – 4 year long circumnavigation of the North Atlantic with the research boat NOVARA, 80° north to the edge of the pack ice shelf and sailing in the Atlantic Ocean from Venezuela to Maine
sports: diving, karate, gliding, paragliding, offshore sailing, active in ship design & boat building, dowser & water finder since 1975, in 2006 re-discovery of a prehistoric navigation system in the Mediterranean

Der Entdecker der Raetiasteine und Forscher

Gerhard Pirchl
1941 geboren, aufgewachsen in Bludenz/Vorarlberg.

Studium des Maschinenbaus in Mödling bei Wien. Entwickler und Forscher, Deutschlandaufenthalt, anschließend Leiter einer Entwicklungsabteilung in der Schweiz. Ab 1989 selbstständig, Hauptlieferant der Autoindustrie im Hochtemperaturschutz. Höchste Qualitätsauszeichnung von VW: Formel-„Q"-Preis. 1999 Herzmuskelentzündung, 2001 Herztransplantation. Ab 2002 systematische Erforschung der Adernsterne in Anknüpfung an seine Pendler-Erfahrung mit dem Vater, der Brunnenmachmeister war. 2003 Interdisziplinärer Wissenschaftlerkongress in Bürserberg/Vorarlberg. Entdeckung von bearbeiteten prähistorischen Steinen und Adernzeichen in alten Kirchen und 2004 von „Raetia-Steinen" im Rätikon, Carnac und Stonehenge. Seither gemeinsam mit mehreren Wissenschaftlern Erforschung dieser Phänomene. Autor des Buches „Geheimnis Adernsterne, Unterirdische Kraft & Orientierungslinien aus prähistorischer Zeit", Folio Verlag, ISBN 3-85256-298-9
Die Physikalischen Effekte der Raetia-Steine – Eigenverlag   g.pirchl@vol.at

Gerhard Pirchl was born in 1941 and grew up in Bludenz, province of Vorarlberg, Austria.
· studied mechanical engineering in Mödling near Vienna
· developer and researcher with sojourn in Germany
· later head of a development division in Switzerland
· as of 1989: self-employed
· main supplier for automotive industry with regards to high-temperature protection appliances
· winner of the Formula-"Q" prize, Volkswagen's highest quality award
· 1999: myocarditis, 2001 heart transplant
· since 2002: systematic research of radiation vein stars, an activity related to dowsing experience
* with his father, an expert well digger*
· 2003: interdisciplinary congress for scientists in Bürserberg, Vorarlberg
· discovery of sculpted prehistoric stones and radiation vein symbols in old churches
· 2004: discovery of actual "Raetia Stones" in the Rätikon [Switzerland], at Carnac [Bretagne]
* and Stonehenge [England] since then, investigating these phenomena together with several scientists*